SAMMLUNG GÖSCHEN BAND 1061

Getriebelehre

Von

Dipl.-Ing. P. Grodzinski
A. M. I. Mech. E. in London

I
Geometrische Grundlagen

Mit 142 Figuren

Zweite, neubearbeitete Auflage

Walter de Gruyter & Co.
vormals G. J. Göschen'sche Verlagshandlung · J. Guttentag, Verlagsbuchhandlung · Georg Reimer · Karl J. Trübner · Veit & Comp.

Berlin 1953

vormals G. J. Göschen'sche Verlagshandlung · J. Guttentag, Verlagsbuchhandlung · Georg Reimer · Karl J. Trübner · Veit & Comp.
Berlin W 35, Genthiner Str. 13

Archiv-Nr. 111 061
Druck von Harry Bartels, Berlin-Charlottenburg 5
Printed in Germany

Inhaltsverzeichnis

Seite

Schrifttum 4
Einleitung 7

Bewegungsgeometrie

(Bahnen, Geschwindigkeiten und Beschleunigungen ebener Systeme.)

I. Ebene Bewegung eines Punktes 10
- a) Geradlinige Bewegung eines Punktes 10
- b) Zusammensetzung geradliniger Bewegungen 19
- c) Krummlinige Bewegungen eines Punktes 23

II. Ebene Bewegung zweier Ebenen 26
- a) Schiebung und Drehung 26
- b) Momentanpol zweier sich beliebig bewegender Ebenen .. 31
- c) Beschleunigungspol 40
- d) Wendekreis und Wechselkreis 43
- e) Bestimmung des Krümmungsmittelpunktes einer Bahn nach Hartmann 48
- f) Zusammenhang zwischen der Krümmung der Bahn und der Krümmung der Polbahnen 49

III. Ebene Bewegung dreier Ebenen 53
- a) Allgemeines 53
- b) Zwei Schiebungen gegen die feste Ebene 54
- c) Schiebung und Drehung um einen festen Punkt 55
- d) Drehung zweier Ebenen gegen eine dritte um feste Punkte 56
- e) Beliebige Bewegung dreier Ebenen 60
- f) Coriolis-Beschleunigung 63

IV. Geschwindigkeiten und Beschleunigungen von Kurbelgetrieben 66
- a) Allgemeines 66
- b) Gelenkviereck (Bogenschubkurbel oder Kurbelschwinge, Doppelkurbel, Doppelschwinge) 66
- c) Geradschubkurbel 80
- d) Kurbelschleifen 86
- e) Bogenschleifen- und Kreuzschleifengetriebe 94

V. Geschwindigkeiten und Beschleunigungen von Kurvengetrieben 97
- a) Kurvenschub mit ablaufender Rolle 97
- b) Kurvenscheiben mit ablaufender Rolle 98
- c) Kurvenscheiben mit plattenartigem Eingriffsglied 101
- d) Untersuchung eines Nockens einer Hochofengebläsemaschine 102

Geometrische Zusammenhänge

Seite

I. Beweglichkeit und Zwanglaufbedingungen 106
II. Konstruktion von Gelenkgetrieben 111
a) Allgemeines 111
b) Beweglichkeit der Totlagen 112
c) Bogenschubkurbel oder Kurbelschwinge 114
d) Doppelkurbel 118
e) Doppelschwinge 118
f) Sonderfälle 119
III. Koppelbewegungen 121
IV. Konstruktion von Kurventrieben 129
a) Übergangskurven 131
b) Kurvenschub und Trommelkurven 135
c) Kurvenscheiben 137
d) Kurvenscheiben mit kreisförmiger Begrenzung 146
e) Schwingkurventriebe 143
V. Grundgesetze der Verzahnung 149
VI. Wälzhebeltriebe 152
Stichwortverzeichnis 159

Schrifttum

(chronologisch geordnet)

1. R. Willis, Principles of Mechanism, 1. Ausg. 1841, 2. Ausg. London, 1870.
2. F. Reuleaux, Theoretische Kinematik, I. Teil, Braunschweig, 1875.
3. F. Grashof, Theoretische Maschinenlehre, Theorie der Getriebe, Hamburg-Leipzig, 1883.
4. L. Burmester, Lehrbuch der Kinematik, Leipzig 1888.
5. F. Reuleaux, Theoretische Kinematik, II. Teil, Braunschweig, 1900.
6. C. W. MacCord, Velocity diagrams, their construction and their uses, New York, London, 1901.
7. H. Polster, Kinematik, Sammlung Göschen, 1912, 2. Auflage 1920.

8. W. Hartmann, Die Maschinengetriebe, Berlin, 1913.
9. M. Grübler, Getriebelehre, Berlin, 1917.
10. A. W. Klein, Kinematics of Machinery, New York, London, 1917.
11. Christmann-Baer, Grundzüge der Kinematik, 2. Auflage, Berlin, 1922.
12. F. Wittenbauer, Graphische Dynamik, Berlin, 1923.
13. Ausschuß für wirtschaftliche Fertigung AWF-Getriebeblätter, Berlin, 1922—1944, werden z. Zt. neu bearbeitet.
14. R. Beyer, Einführung in die Kinematik, Leipzig, 1928.
15. AWF-Getriebe- und -Getriebemodelle, Bd. I. Berlin, 1928, Bd. II. Berlin, 1929.
16. Jahr-Knechtel, Grundzüge der Getriebelehre, I. Band, Leipzig, 1930. Dritter Neudruck, Leipzig 1949.
17. H. J. Knab, Getriebelehre, 2. Auflage, Nürnberg, 1930.
18. R. Beyer, Technische Kinematik, Leipzig, 1931
19. K. Rauh, Praktische Getriebelehre, I. Band, Berlin, 1931. 2. Aufl., Berlin 1951.
20. K. Mack, Geometrie der Getriebe, Berlin, 1931.
21. Th. Poeschl, Einführung in die ebene Getriebelehre, Berlin, 1932.
22. K. Federhofer, Graphische Kinematik und Kinetostatik. Berlin, 1932.
23. R. Müller, Einführung in die ebene Getriebelehre, Berlin, 1932.
24. P. Grodzinski, Getriebelehre, Bd. II, Sammlung Göschen, 1933.
25. Jahr-Knechtel, Grundzüge der Getriebelehre, Bd. II, Leipzig, 1938.
26. K. Rauh, Praktische Getriebelehre, Bd. II, Berlin, 1939.
27. W. Steeds, Mechanism and the Kinematics of Machines, London, 1940.
28. R. Franke, Vom Aufbau der Getriebe, Bd. I, Die Entwicklungslehre der Getriebe, 1. Aufl. 1943, 2. Aufl. 1948.
29. P. Grodzinski, A practical theory of mechanisms, Manchester, 1947.

30. R. Kraus, Grundlagen der Getriebelehre, Hannover, Wolfenbüttel 1949.

31. K. Hain und W. Meyer zur Capellen, Kinematik. FIAT Review of German Science 1939—1946 (Naturforschung und Medizin in Deutschland), Bd. 7: Angewandte Mathematik, Teil V.

32. O. Kraemer, Getriebelehre. Eine Auswahl für Studium und Praxis, Karlsruhe, 1950.

33. K. H. Sieker, Einfache Getriebe, Bd. 15 der Lehrbücher der Feinwerktechnik, Leipzig, 1950.

34. R. Franke, Vom Aufbau der Getriebe, Bd. II. Die Baulehre der Getriebe, Düsseldorf, 1951.

35. K. Federhofer, Prüfungs- und Übungsaufgaben aus der Mechanik des Punktes und des starren Körpers, Teil I—III, Wien 1950, 1951.

36. R. Kraus, Getriebelehre, Berlin 1951.

In den vorstehend angegebenen Werken finden sich zum Teil umfangreichere Literaturhinweise, insbesondere auch über Zeitschriftenaufsätze. Zahlreiche Werke, insbesondere 2, 4, 5 und 8 sind vergriffen. Die unter 13 angeführten Getriebeblätter sind eine Zusammenstellung von in der Praxis angewandten Getrieben und der hierfür notwendigen Konstruktionen. Die Sammlung wird laufend ergänzt. Einzelne Abbildungen wurden mit Erlaubnis des AWF dieser wichtigen Sammlung entnommen. Eine Neubearbeitung ist im Gange.

Einleitung

Die Getriebelehre oder Zwanglauflehre[1]) macht Gebrauch von grundlegenden Lehren der Geometrie, der Mechanik und selbstverständlich auch, soweit dies erforderlich ist, der Festigkeitslehre und der Thermodynamik.

Vor allem kann die Getriebelehre des geometrischen Aufbaues nicht entraten, denn ein Getriebe wird überhaupt nur dann praktisch ausgeführt werden können, wenn die verschiedenen Stellungen oder Lagen seiner Glieder geometrisch möglich sind. Eine bestimmte Bewegung (vollständiger Umlauf einer Kurbel) wird nur bei entsprechender Wahl von Größe und Lage der davon beeinflußten Getriebeglieder möglich sein.

Die Getriebe und ihre Glieder müssen nicht nur in bestimmter Weise beweglich sein, sondern diese Bewegungen müssen auch innerhalb bestimmter Zeitabschnitte ausgeführt werden.

Während die Geometrie nur mit dem Begriff des Raumes arbeitet, berücksichtigt die Bewegungsgeometrie noch den Begriff der Zeit. Man kann sie also als die Wissenschaft bezeichnen, die den räumlichen und den zeitlichen Verlauf der Bewegungen erforscht. Während die Mechanik, insbesondere Kinetik oder Dynamik, zu Raum und Zeit noch den Begriff der Masse hinzunimmt, kann man die Bewegungsgeometrie als eine erweiterte Geometrie ansehen. Die Bewegungsgeometrie hatte im Laufe ihrer Entwicklung eine Reihe von Aufgaben zu lösen und

---

1) In wissenschaftlichem Sinne nennt man die Bewegungsgeometrie (Phoronomie) auch Kinematik (von κίνημα Bewegung), leider versteht man in technischen Kreisen unter „Kinematik" auch die körperliche Ausbildung der die Bewegung ausführenden Körper. Um eine klare Unterscheidung zu finden, soll das Wort „Kinematik" möglichst vermieden werden; die reine Bewegungslehre soll Bewegungsgeometrie, die Lehre der körperlichen „Ausbildung" von Bewegungsvorgängen soll „Getriebelehre" oder Zwanglauflehre genannt werden.

ihre Entwicklung kann heute noch nicht als abgeschlossen angesehen werden. Seit geraumer Zeit stehen Verfahren zur Verfügung, um Geschwindigkeiten und Beschleunigungen (und Kräfte) an beliebigen Bewegungen zu untersuchen. Ein Ausschnitt aus diesem Gebiet wird im ersten Teil dieser Arbeit unter Bewegungsgeometrie gegeben (Getriebeanalyse). Weitgehendste Anwendung wird von graphischen Verfahren gemacht, die von W. Hartmann, R. Mollier und anderen in hoher Vervollkommenheit entwickelt wurden. Diese Verfahren sind weit anschaulicher als rechnerische Verfahren, die zum Teil noch im Ausland angewandt werden und die nur für bestimmte Getriebe mit geometrisch einfachen Beziehungen geeignet sind.

Es sei betont, daß diese Verfahren lediglich ermöglichen, ein in seinen wesentlichen Abmessungen gegebenes Getriebe zu untersuchen, bezüglich der in einzelnen Teilen auftretenden Geschwindigkeiten und Beschleunigungen, um danach die Teile werkstoffgerecht auszuwählen und zu bemessen. Damit sind gleichzeitig die Hilfsmittel an die Hand gegeben, um gewisse Verbesserungen hinsichtlich Abmessungen und Lage der Getriebeglieder zu geben, ohne jedoch den gegebenen getrieblichen Zusammenhang zu ändern. Die Verfahren erlauben auch verschiedene Getriebe für den gleichen Zweck miteinander zu vergleichen und dann die beste Lösung zu wählen.

Im zweiten Teil wird Gebrauch von rein geometrischen Verfahren zum Aufbau von Getrieben gemacht. Die sogenannte Zahlensynthese, erstmalig von M. Grübler angewandt, hat durch die Hand von K. Kutzbach und R. Kraus in Deutschland und A. W. Klein in Amerika eine wesentliche Weiterentwicklung erfahren.

Ein weiterer Zweig der Bewegungsgeometrie, die Maßsynthese, kann hier nur ganz kurz gestreift werden. Aus den nahezu vergessenen Arbeiten von L. Burmester und R. Müller ist sie von H. Alt, R. Beyer, W. Lichtenheldt, K. Hain wesentlich weiter entwickelt worden. Noch heute wird die Bedeutung dieser Lehren von vielen Ingenieuren nicht voll verstanden. Es ist dies ein Zweig, der noch stark im Aufbau begriffen ist und noch der engsten Zusammenarbeit mit dem Maschineningenieur bedarf, um einwandfreie Getriebe zu entwickeln.

Die so entwickelten Methoden erlauben, bestimmte Forderungen aufzustellen und danach ein Getriebe zu finden, das diesen Forderungen genügt. Beispielsweise können zwei und mehr Stellungen eines Gliedes gegeben sein, und es sind die Aufhängepunkte zu finden, die es zur Koppel eines Gelenkviereckes macht, dessen feste Gelenkpunkte oder dessen Kurbellänge gegeben sind. Es muß jedoch vor der falschen Auffassung gewarnt werden, daß die Maßsynthese ermöglicht, e i n e G e t r i e b e f o r m zu finden. Die mögliche Getriebeform: Gelenkviereck, Gelenksechseck usw. muß jedoch bereits vorher festliegen, da nur dann die geometrischen Hifsmittel zweckmäßig anwendbar sind.

Diese Überlegungen zeigen anschaulich, daß nur durch gemeinsame Anwendung der verschiedenen Grundverfahren der Getriebelehre der vom Maschineningenieur erwartete brauchbare Entwurf eines Getriebes entsteht. Beispielsweise dürften die Grundüberlegungen rein anschaulicher Natur sein, um einen geeigneten Getriebetyp zu finden (siehe Bd. II: Angewandte Getriebelehre), die den gestellten Bedingungen genügt. Die folgende Aufgabe wäre Anwendung der Zahlensynthese, ob das beabsichtigte Getriebe die für den Zweck geringste Zahl von Gelenken und Gliedern hat, und ob gleichwertige Getriebe bestehen. Der nächste Schritt wäre Anwendung der Maßsynthese, um die geeigneten Abmessungen des Getriebes zu ermitteln, woraufhin dann die analytischen Verfahren angewandt werden, um Geschwindigkeiten und Beschleunigungen aufzufinden, und das Geschwindigkeits- und Beschleunigungsverhalten festzulegen. Daraufhin ist dann das Getriebe mit Rücksicht auf die Maschine konstruktiv zu entwickeln.

Das Getriebe mag dann schwer mit der Form des ersten Entwurfes in Einklang zu bringen sein. Der geschilderte Werdegang ist nur beispielsweise gegeben, da häufig wesentliche Abweichungen in der Reihenfolge notwendig sein werden, beispielsweise, wenn bestimmte Geschwindigkeiten oder Beschleunigungen gegeben sind.

Die Reihenfolge der Behandlung in diesem Bändchen ist von didaktischen Gründen bestimmt.

Bewegungsgeometrie.

(Bahnen, Geschwindigkeiten und Beschleunigungen ebener Systeme.)

I. Ebene Bewegung eines Punktes.

a) Geradlinige Bewegung eines Punktes.

Weg. Die gerade Linie fg (Fig. 1) sei die Bahn eines Punktes A. Punkt O ist ein willkürlich gewählter Punkt auf dieser Bahn, der als Bezugspunkt für die Bewegung von A dienen soll. Die Lage von A auf der Geraden fg ist durch den Abstand $OA = s$ bestimmt. Um die Lage des Punktes A rechts oder links von O unterscheiden zu können, legen wir fest, daß $OA = s$ rechts von O ein positives, links von O ein negatives Vorzeichen erhält.

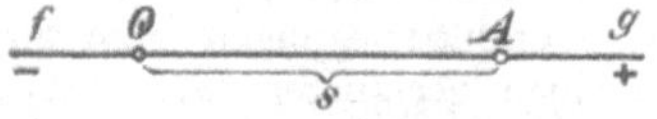

Fig. 1. Geradlinige Bewegung eines Punktes vom Stillstand O.

Die Bewegung des Punktes A auf fg ist eindeutig bestimmt, sobald man zu jeder Zeit t die jeweilige Entfernung $OA = s$ kennt.

Um eine bestimmte Geschwindigkeit v aus dem Ruhezustand zu erreichen, muß ein Punkt vorerst eine bestimmte Beschleunigung p haben. Umgekehrt, um von einer Geschwindigkeit v zur Ruhe gebracht zu werden, muß dem Punkt eine negative Beschleunigung oder Verzögerung erteilt werden.

Dieser Zusammenhang kann nun durch Versuche ermittelt oder durch eine mathematische Beziehung zwischen s und t gegeben sein. Man drückt dies so aus, daß s eine Funktion von t ist, in Zeichen

(1) $$s = f(t).$$

$f(t)$ bedeutet eine an sich willkürliche Funktion der Zeit, die jedoch stetig und eindeutig sein muß.

Um die Bewegung des Punktes A zu veranschaulichen, benutzt man eine graphische Darstellung, und zwar trägt man über der Zeit t als Abszisse den Weg s als Ordinate auf. Man erhält so das Zeit-Weg-Schaubild (ts-Schaubild, Fig. 3).

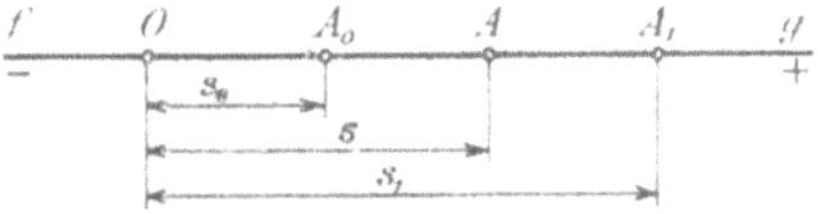

Fig. 2. Geradlinige Bewegung eines Punktes, nach dem bereits ein bestimmter Weg so zurückgelegt ist.

Fig. 3 gilt für den allgemeinen Fall (Fig. 2), daß die Bewegung nicht im Ursprung O, sondern bei einem Punkte A_0 beginnt, wobei $OA_0 = s_0 = f(t_0)$.

Geschwindigkeit. Um die Art des Bewegungsverlaufs zu kennzeichnen, benutzt man allgemein den Begriff der G e s c h w i n d i g k e i t. Man versteht hierunter die W e g ä n d e r u n g i n d e r Z e i t e i n h e i t. In Fig. 3 ergibt sich die Geschwindigkeit v des Punktes A zur Zeit t als Verhältnis des kleinen Wegabschnitts ds zu dem entsprechenden Zeitabschnitt dt. Werden die

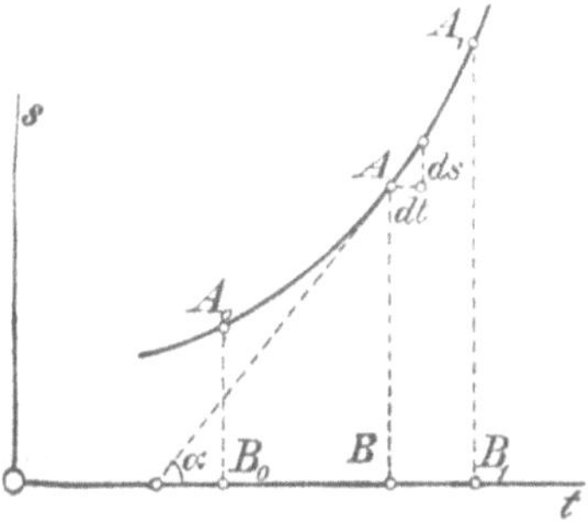

Fig. 3. Zeit-Weg-Schaubild für eine beliebige Bewegung; die jeweilige Geschwindigkeit ist durch die Neigung der Tangente gegeben.

Abschnitte ds und dt unendlich klein, so erhält man

$$(2) \qquad v = \frac{ds}{dt} = \frac{df(t)}{dt} = f'(t).$$

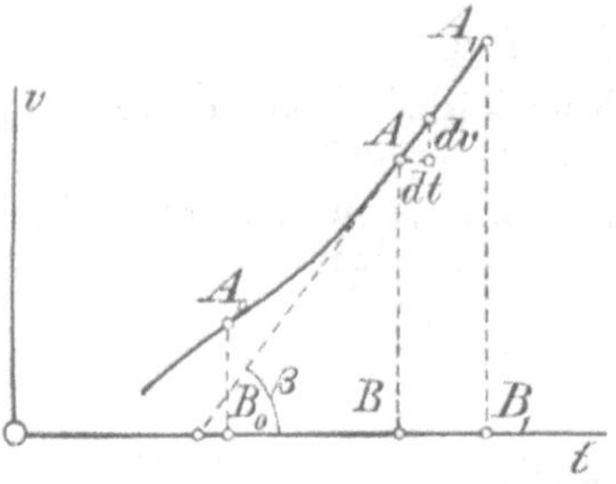

Fig. 4. Zeit-Geschwindigkeits-Schaubild für beliebige Bewegung; die jeweilige Beschleunigung ist durch die Neigung der Tangente gegeben.

Aus der Differentialrechnung ist bekannt (s. auch Fig. 3), daß

$$v = \operatorname{tg} \alpha,$$

d. h. die jeweilige Geschwindigkeit entspricht der Tangente an die Zeit-Wegkurve.

Trägt man die jeweilige Geschwindigkeit v graphisch über der Zeit t auf, so erhält man als weiteres kennzeichnendes Bild des Bewegungsverlaufes das Zeit-Geschwindigkeitsschaubild (tv-Schaubild, Fig. 4). Aus der Beziehung (Gl. 2) erhalten wir

$$ds = v \cdot dt;$$

zwischen den Zeiten $t = t_0$ und $t = t_1$, ergibt sich durch Integration $s_1 - s_0 = \int_{t_0}^{t_1} v \cdot dt$, d. h. der in diesem Zeitabschnitt zurückgelegte Weg. Er wird im tv-Schaubild dargestellt durch die Fläche $A_0A_1B_1B_0$.

Durch Auftragen der Geschwindigkeit v über dem Weg s erhält man das Weg-Geschwindigkeitsschaubild, (sv-Schaubild) das (s. weiter unten) für den Beschleunigungsverlauf wichtig ist.

Beschleunigung. Ändert sich die Geschwindigkeit v der Bewegung mit der Zeit, so ist es für die Beurteilung des Bewegungsvorganges (insbesondere auch für das dynamische Verhalten) notwendig, die Geschwindigkeitsänderung während der Zeiteinheit zu erfassen. Unter der Beschleunigung p des Punktes A zur Zeit t versteht man das

Verhältnis der kleinen Geschwindigkeitsänderung dv zu dem entsprechenden Zeitabschnitt dt. Werden die Abschnitte dv und dt unendlich klein, so erhält man

$$(3) \qquad p = \frac{dv}{dt}$$

$$\frac{d^2s}{dt^2} = f''(t).$$

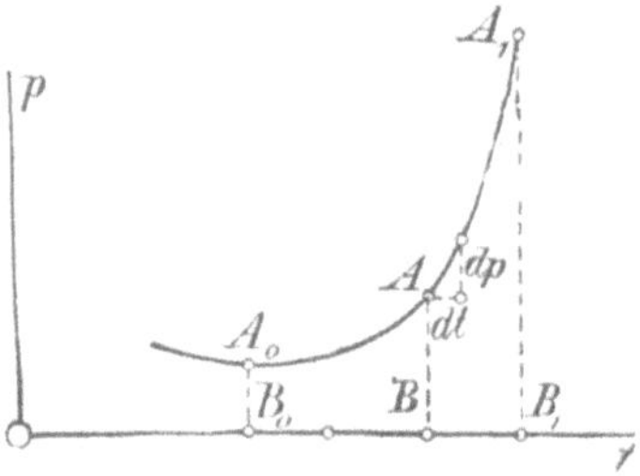

Fig. 5. Zeit-Beschleunigungs-Schaubild für beliebige Bewegungen; die in einem bestimmten Zeitabschnitt erzielte Geschwindigkeit ist durch die unterhalb der Kurve liegende Fläche gegeben.

Aus Fig. 4 erkennt man, daß $p = tg\beta$. Graphisch über der Zeit aufgetragen ergibt sich das tp-Schaubild (Fig. 5). Man kann p auch aus dem sv-Schaubild erhalten, und zwar ist

$$(4) \qquad p = \frac{dv}{dt} = \frac{dv}{ds} \cdot \frac{ds}{dt} = v\,\frac{dv}{ds}$$

also nur abhängig von v und s. Im Schaubild (Fig. 6) ist die Subnormale

$$BC = v \cdot tg\gamma = $$
$$= v \cdot \frac{dv}{ds} = p.$$

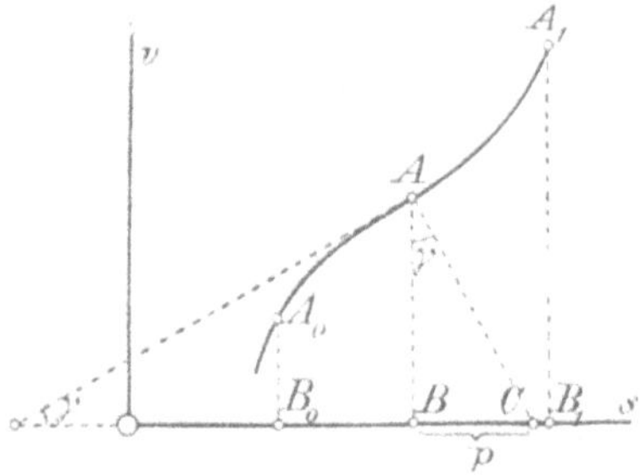

Fig. 6. Weg-Geschwindigkeits-Schaubild. Die Subnormale ergibt die Beschleunigung.

Aus dem Zeit-Beschleunigungs-Schaubild (tp-Schaubild, Fig. 5) läßt sich auch umgekehrt die Geschwindigkeit v ableiten. Aus der Beziehung (Gl. 3) erhalten wir

$$dv = p \cdot dt.$$

Zwischen den Zeiten $t = t_0$ und $t = t_1$ ergibt sich durch

Integration $v_1 - v_0 = \int_{t_0}^{t_1} p \cdot dt$, d. h. die in diesem Zeitabschnitt zurückgelegte Geschwindigkeit. Sie wird im $t\,p$-Schaubild dargestellt durch die Fläche $A_0A_1B_1B_0$.

Die Tangente an die Kurve (Fig. 5) gibt die Änderung der Beschleunigung mit der Zeit: $\frac{dp}{dt} = \frac{d^3s}{dt^3}$. Im allgemeinen werden höhere Ableitungen als $p = \frac{d^2s}{dt^2}$ nicht berücksichtigt. P. Melchior hat vorgeschlagen, die Ableitung von p, d. h. $\frac{dp}{dt}$ als Ruck zu bezeichnen.

Sonderfälle. Gleichförmige Bewegung ist eine Bewegung, bei der in gleichen Zeiten gleiche Wege zurückgelegt werden, also

$$v = \text{konst}; \; p = 0; \; s = v.t.$$

Gleichförmig beschleunigte Bewegung ist eine Bewegung, bei der die Beschleunigung stets gleichbleibt. Aus p = konst. folgert

$$v = p \cdot t \text{ und } s = \frac{p}{2} \cdot t^2 \text{ (Beispiel: freier Fall).}$$

Die Beziehungen, die zwischen Höchst- und Kleinstwerten von Weg, Geschwindigkeit und Beschleunigung einer beliebigen Bewegung bestehen, werden aus Fig. 7 klar. Hat die Wegkurve s einen Höchst- oder Kleinstwert (analytische Bedingung $\frac{ds}{dt} = 0$), so ist nach $v = \frac{ds}{dt}$ v ebenfalls 0. Man erkennt in Fig. 7, daß zu Beginn der Bewegung und an ihrem Ende s eine horizontale Tangente aufweist, ebenso in der Mitte der Bewegung. Die Geschwindigkeit erreicht ihre Höchstwerte, wenn die Wegkurve eine Wendetangente aufweist, d. h. wenn sie ihre Richtung ändert. Ähnliche Beziehungen bestehen zwischen Geschwindigkeit und Beschleunigung. Für $v = 0$ hat

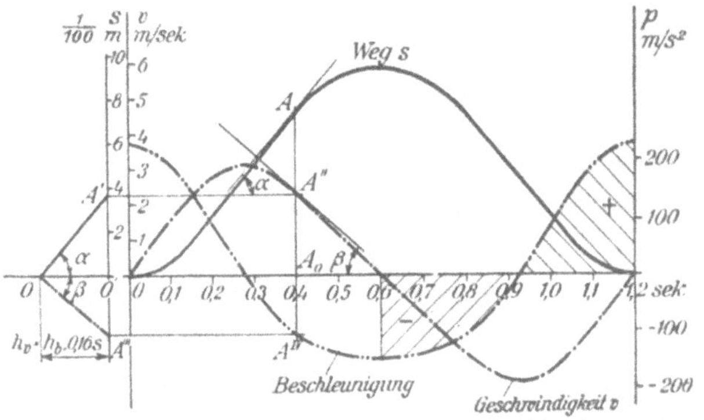

Fig. 7. Zeit-Weg-, Zeit-Geschwindigkeits- und Zeit-Beschleunigungsschaubild für ein Kreuzschleifengetriebe; harmonische Bewegung, graphische Ermittlung.

entsprechend $p = \frac{dv}{dt} = 0$, die Beschleunigung p Höchst- oder Kleinstwerte, andererseits ist $p = 0$ für die Höchst- und Kleinstwerte von v.

B e i s p i e l : Harmonische Schwingung (Kreuzschleifenbewegung Fig. 73 u. 74, S. 96). Eine Kurbel dreht sich mit konstanter Winkelgeschwindigkeit und treibt am Halbmesser a einen Schieber. Sein Abstand von der Mittelstellung ist gegeben durch $s = a \cdot \cos \alpha = a \cdot \cos \omega t$, seine Geschwindigkeit ist $v = \frac{ds}{dt} = a \cdot \omega \cdot \sin \omega t$, seine Beschleunigung

$$b = \frac{dv}{dt} = - a\, \omega^2 \cos \omega t = - \omega^2\, s.$$

Die größte Auslenkung des Schiebers ist $s = \pm a$, mit $v = 0$ und $b_{max} = \pm \omega^2 a$, d. h. die größte Beschleunigung ergibt sich in den Endstellungen. Die größte Geschwindigkeit des Schiebers ergibt sich für $s = 0$, wobei auch die kleinste Beschleunigung auftritt.

Einheiten. In der Bewegungslehre treten nur zwei Grundeinheiten auf, nämlich die der L ä n g e und die der Zeit; alle übrigen Einheiten, wie die der Geschwindigkeit und Beschleunigung sind hierauf zu beziehen.

Längen und Wege werden in der Technik in mm, cm, m und km gemessen, Zeiten in min, sek, Stunden, neuerdings auch häufiger in $\frac{\text{min}}{100}$. Aus der Begriffsbestimmung der Geschwindigkeit erhalten wir dann das Maß für die Geschwindigkeit z. B. in cm/sek; m/sek; m/min; km/St. Am üblichsten ist das Maß m/sek, das auch im folgenden ausschließlich angewandt wird; das ergibt den Geschwindigkeitsmaßstab

$$(v) = \text{m/sek} = \text{m. sek}^{-1}.$$

entsprechend erhalten wir für die Beschleunigung den Maßstab

$$(p) = \text{m/sek}^2 = \text{m. sek}^{-2}.$$

Zur zeichnerischen Darstellung der Wege, Geschwindigkeiten und Beschleunigungen ist es notwendig, den Zeichenmaßstab so zu wählen, daß wir ein möglichst anschauliches Bild der Bewegung erhalten. Wir können für die einzelnen Werte an sich beliebige Maßstäbe wählen, nur muß der durch die Bewegung gegebene Zusammenhang gewahrt bleiben. Gerade das Umrechnen der Maßstäbe bereitet dem Anfänger erhebliche Schwierigkeiten, weshalb hierauf etwas näher eingegangen sei.

Maß der Zeichnung	*wirkliches Maß*
Wegmaßstab 1 cm	$\mathrel{\widehat{=}} a \cdot$ m
Zeitmaßstab 1 cm	$\mathrel{\widehat{=}} T$ sek
Geschwindigkeitsmaßstab 1 cm	$\mathrel{\widehat{=}} \beta = \frac{a}{T \cdot h_v} \cdot$ m/sek
Beschleunigungsmaßstab	

$$1 \text{ cm} \mathrel{\widehat{=}} \gamma = \frac{\beta}{T \cdot h_b} = \frac{a}{h_b \cdot h_v \cdot T^2} \text{m/sek}^2$$

Hierin sind a, T, h_v und h_b beliebig wählbare Größen. Man erkennt, daß, wenn diese 4 Größen gewählt sind, die Geschwindigkeits- und Beschleunigungsmaßstäbe bestimmt sind. Näheres über die Bedeutung von h_v und h_b (Maßeinheit sek) weiter unten. Ein Beispiel (Fig. 7, Bewegungsvorgang eines Kreuzschleifengetriebes) mag den Zusammenhang näher klären. Dieser Darstellung sind folgende Maßstäbe zugrunde gelegt, und zwar wurden $h_v = h_b = 0{,}16$ sek gewählt.

Wegmaßstab 1 cm .... $\widehat{=} \alpha = 0{,}02$ m
Zeitmaßstab 1 cm .... $\widehat{=} T = 0{,}1$ sek

$$\text{Geschwindigkeitsmaßstab 1 cm} \widehat{=} \beta = \frac{0{,}02}{0{,}1 \cdot 0{,}16} = 1{,}25 \text{ m/sek}$$

$$\text{Beschleunigungsmaßstab 1 cm} \widehat{=} \gamma = \frac{1{,}25}{0{,}1 \cdot 0{,}16} = 78 \text{ m/sek}^2$$

Liest man in der Zeichnung z. B. eine Höchstgeschwindigkeit von 2,5 cm ab, so bedeutet das $v_{max} = 1{,}25 \cdot 2{,}5 = 3{,}125$ m/sek. Bei jeder zeichnerischen Darstellung mache man sich zuerst die Größe der Maßstäbe klar und trage sie in die Zeichnung ein, damit keine Verwechslungen entstehen können.

Graphische Ermittlung. Ist eine der Funktionen $s = f(t)$, $v = f_v(t)$, $p = f_p(t)$ gegeben oder durch ein beliebiges Verfahren ermittelt, so können die entsprechenden Wege, Geschwindigkeiten, Beschleunigungen durch graphische Differentiation und Integration auf Grund der Gleichungen 1—4 ermittelt werden.

G r a p h i s c h e D i f f e r e n t i a t i o n. In Fig. 7 sei vorerst nur die Wegkurve s über der Zeit t gegeben. Die Geschwindigkeit v des Punktes A, der den Weg A_0A zurückgelegt hat, finden wir aus der Beziehung $v = \operatorname{tg} \alpha$. Wir konstruieren ein Poldreieck über $OO' = h_v$ sek und ziehen OA' parallel zur Tangente in A. $O'A'$ ist dann die graphisch ermittelte Geschwindigkeit v des Punktes A. Auf diese Weise lassen sich für alle Punkte der Wegkurve A die zugehörigen Geschwindigkeiten ermitteln, und man trägt die Geschwindigkeitskurve v über der Zeit t ein. Die Beschleunigung p des Punktes A finden wir durch ein gleiches Verfahren, indem wir die Tangenten an den

Punkt A'' der Geschwindigkeitskurve anlegen und in einem beliebigen Poldreieck über $OO' = h_b$ sek eine Parallele zur Kurventangente ziehen; die Strecke $O'A''$ ist dann die gesuchte Beschleunigung $p = \operatorname{tg} \beta$ des Punktes A. Durch Ziehen mehrerer Tangenten an v ermittelt man so Einzelwerte der Beschleunigungskurve.

Die Beschleunigung p läßt sich ebenfalls graphisch nach dem Subnormalenverfahren (s. S. 13) bei gegebener sv-Kurve ermitteln. Der Beschleunigungsmaßstab ist hier $1 \text{ cm} \mathrel{\widehat{=}} \frac{\beta^2}{\alpha} \text{ m/sek}^2$. Die graphische Ermittlung von Geschwindigkeiten und Beschleunigungen setzt eine genaue Konstruktion der Kurventangenten voraus (hierfür empfiehlt sich die Anwendung eines kleinen Spiegels, den man in Richtung der Kurvennormalen so lange dreht, bis das sichtbare Kurvenstück mit seinem Spiegelbild zusammenfällt. Wegen der Ungenauigkeiten der Tangentenkonstruktion ist eine zweimalige graphische Differentiation nicht zu empfehlen; dies ist auch im allgemeinen nicht notwendig, da entweder das Bewegungsgesetz als Funktion gegeben ist oder durch ein Getriebe verkörpert wird, dessen Geschwindigkeiten und Beschleunigungen vektoriell ermittelt werden können (siehe weiter unten).

Durch graphische Integration kann bei gegebener Geschwindigkeitskurve die Wegkurve und bei gegebener Beschleunigungskurve die Geschwindigkeitskurve ermittelt werden. Man wendet das Tangentenverfahren nach Fig. 7 umgekehrt an (Fig. 8). Die einzelnen Ordinaten der v-Kurve werden auf die Achse in O' übertragen und die Endpunkte mit dem Pol O verbunden. Um einen stetigen Verlauf der s-Kurve zu sichern, sind zwischen die Ordinaten 0 bis 6 Hilfsordinaten a bis f so zu legen, daß die oberen und unteren schraffierten Flächen jedes Feldes gleichgroß werden. Zu den Polstrahlen durch O sind nun Parallelen zu ziehen. Die erste entspricht dem Polstrahl 0 und geht durch O, die zweite ist parallel

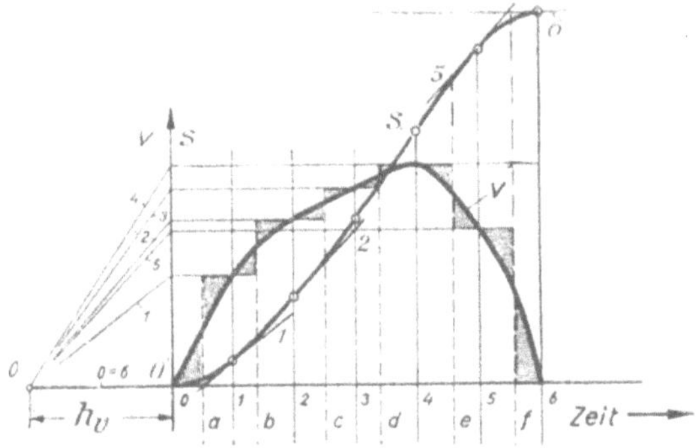

Fig. 8. Graphische Integration einer Zeit-Wegkurve aus einer gegebenen Zeit-Geschwindigkeitskurve.

zu Polstrahl 1 und schneidet O in *a*, die dritte ist parallel zu Polstrahl 1 und schneidet die zweite Parallele auf Ordinate *b* usw. Der so entstandene Linienzug umhüllt die Wegkurve bzw. bei gegebener Beschleunigung die Geschwindigkeitskurve.

Ein anderes Verfahren ist, die Fläche unter der Geschwindigkeitskurve zu integrieren. Man teilt die Fläche in eine Anzahl paralleler Streifen und mißt diese aus.

b) Zusammensetzung geradliniger Bewegungen.

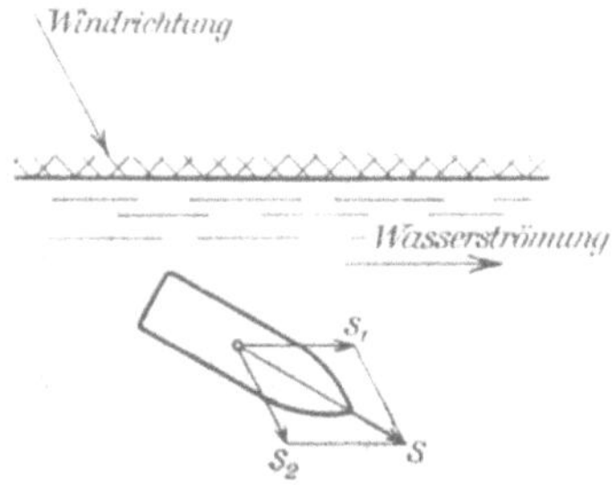

Fig. 9. Parallelogramm der Wege am Beispiel eines Segelbootes, ausgesetzt der Wasserströmung und dem Windtriebe.

Wege. Führt ein Punkt gleichzeitig zwei Bewegungen aus, z. B. ein Segelboot, das stromabwärts fährt und gleichzeitig vom Wind getrieben wird, so ergibt sich der tatsächlich zurückgelegte Weg durch Aneinandersetzen der in jeder der beiden Wegrichtungen s_1 und s_2 zurückgelegten Wege unter Berücksichtigung der richtigen Wegrichtungen (Fig. 9).

Man nennt das entstehende Bild das Parallelogramm der Bewegungen (Fig. 10a) und erkennt, daß es gleich ist, ob man zum Punkte A_2 auf dem Weg AA_1A_2 (Fig. 10 b) oder AA'_1A_2 (Fig. 10 c) gelangt. Ist der Winkel zwischen s_1 und s_2 bekannt, so kann man s aus s_1

Fig. 10 a—c. Zusammensetzung von Wegen.

und s_2 nach dem Cosinussatz der Trigonometrie berechnen.

$$(5) \qquad s = \sqrt{s_1^2 + s_2^2 + 2s_1s_2\cos\alpha}\,.$$

Da man aber in der Bewegungslehre (und auch in anderen Zweigen der Mechanik) mit zeichnerisch gegebenen Größen zu tun hat, wendet man das Verfahren der geometrischen Addition (oder Subtraktion) an und schreibt an Stelle Gleichung (5)[1])

$$(5\,a) \qquad s = s_1 \mathbin{+\!\!\!\rightarrow} s_2$$

wobei das Zeichen $+\!\!\!\rightarrow$ diese Summe von einer gewöhnlichen algebraischen Summe unterscheidet. Die geometrische Summe $s_1 +\!\!\!\rightarrow s_2$ wird zur algebraischen Summe, wenn die Wege s_1 und s_2 gleiche Richtungen haben, wenn also $\alpha = 180°$. Da es gleich ist, auf welchem Wege man zu A_2 gelangt, ist auch bei der geometrischen Addition die Reihenfolge der Summanden gleich, also $s = s_2 +\!\!\!\rightarrow s_1$.

Umgekehrt kann man auch jede Bewegung in Komponenten zerlegen, z. B. nach Koordinatenachsen. So er-

[1]) Von der eigentlichen Vektorrechnung soll in diesem Bändchen kein Gebrauch gemacht werden. Die Schreibweise $\rightarrow$ und $+\!\!\!\rightarrow$ ist von M. Tolle in Regelung der Kraftmaschinen zuerst 1905 eingeführt worden.

halten wir z. B. $s_2 = s \rightarrow s_1$, hierbei kennzeichnet das Zeichen $\rightarrow$ die geometrische Subtraktion.

Das Verhältnis $v_m = \frac{s}{t}$ wird **mittlere Geschwindigkeit** der zusammengesetzten Bewegung genannt. Nur wenn beide Bewegungen in Richtung s_1 und s_2 gleichförmige Bewegungen sind, stimmt v_m mit der tatsächlichen Geschwindigkeit überein.

Geschwindigkeiten. Das oben erläuterte Verfahren der Zusammensetzung geradliniger Wege gilt auch, wenn das Zeitelement dt, in dem wir die Bewegung betrachten, unendlich klein wird. In diesem Zeitelement können wir die Geschwindigkeiten der Einzelbewegungen als gleichförmig ansehen und erhalten dann (Fig. 11) die Geschwindigkeit v des Punktes A

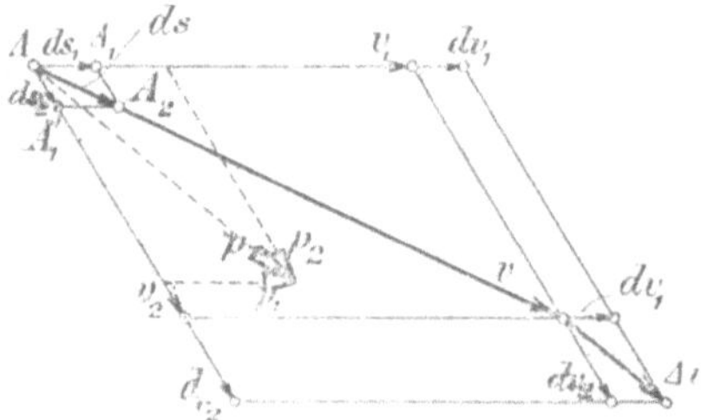

Fig. 11. Zusammensetzung von Wegelementen und Geschwindigkeiten.

$$v = \frac{ds}{dt} = \frac{ds_1 +\!\!\!\rightarrow ds_2}{dt} = v_1 +\!\!\!\rightarrow v_2.$$

v_1 und v_2 sind die in Richtung der Wege s_1 und s_2 fallenden Geschwindigkeiten. Wir können also die tatsächliche Geschwindigkeit einer zusammengesetzten Bewegung durch geometrische Addition der Geschwindigkeiten der Einzelbewegung finden.

Beispiel: Umfangsgeschwindigkeit am rollenden Rade (Fig. 12). Ein Rad vom Halbmesser r rolle auf der ebenen Fahrbahn mit der Geschwindigkeit v ab. Dann hat der Berührungspunkt P augenblicklich die Geschwindigkeit o (Momentanpol der Bewegung siehe S. 31). Der Mittelpunkt des Rades hat die Geschwindigkeit v. Ein Punkt C am Umfang hat die horizontale Geschwindigkeit des Mittelpunktes und weiter eine

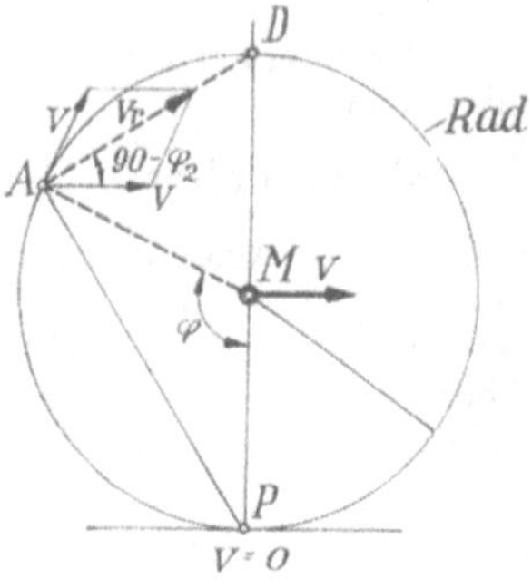

Fig. 12. Geschwindigkeiten am rollenden Rade.

Umfangsgeschwindigkeit v tangential zum Kreis. Die beiden Geschwindigkeiten werden nach einem Parallelogramm zusammengesetzt. Ist φ der Drehwinkel, so schließen die Vektoren ebenfalls den Winkel φ ein, und wegen des gleichschenkligen Dreiecks $v_r = 2v \cdot \sin \varphi/2$.

Die Geschwindigkeit hat ihren Höchstwert in Punkt D für $\varphi = 180°$. Die Richtung der resultierenden Geschwindigkeit geht stets durch D, da $\sphericalangle PAD = 90°$ wiederum wegen der Gleichschenkligkeit der Dreiecke.

Beschleunigungen. Beobachten wir die zusammengesetzte Bewegung in den zwei um dt zeitlich verschiedenen Punkten A und A_2, so erhalten wir folgende Geschwindigkeiten: Für

$$A: \quad v = v_1 \mathbin{+\!\!\!\rightarrow} v_2$$
$$A_2: \; v' = v + \Delta v = (v_1 + dv_1) \mathbin{+\!\!\!\rightarrow} (v_2 + dv_2)$$
$$\Delta v = dv_1 \mathbin{+\!\!\!\rightarrow} dv_2$$

ist der geometrische Zuwachs der Geschwindigkeit oder die sogenannte Elementarbeschleunigung der zusammengesetzten Bewegung. Die Beschleunigung selbst schreiben wir

$$p = \frac{\Delta v}{dt} = \frac{dv_1 \mathbin{+\!\!\!\rightarrow} dv_2}{dt} = \frac{dv_1}{dt} \mathbin{+\!\!\!\rightarrow} \frac{dv_2}{dt} = p_1 \mathbin{+\!\!\!\rightarrow} p_2.$$

Aus Fig. 11 erkennen wir noch, daß die Richtung der tatsächlichen Geschwindigkeit mit der Wegrichtung, die Richtung der Beschleunigung p jedoch im allgemeinen hiermit nicht zusammenfällt.

Wir finden hierdurch den Nachweis, daß sich sowohl Wege, Geschwindigkeiten und Beschleunigungen geometrisch addieren und subtrahieren lassen.

Die Beziehung zwischen den drei Bewegungen faßt man häufig unter der Bezeichnung Relativbewegungen zusammen. So stellt man sich vor, der Punkt A bewege sich auf einer Ebene E_1, auf der er die Bewegung s_1, die sogenannte Relativbewegung ausführt, die Ebene E_1 selbst führt gegen die ruhende Ebene E_0 ebenfalls eine Bewegung mit dem Weg s_2 aus[1]). Der Weg s, der sich aus den Wegen s_1 und s_2 geometrisch zusammensetzt, wird als Absolutbewegung bezeichnet, es ist dies die Bewegung des Punktes A gegenüber der ruhenden Ebene E_0.

c) Krummlinige Bewegungen eines Punktes.

Die Begriffe und Sätze, die für die geradlinige Bewegung aufgestellt wurden, lassen sich zum größten Teil auch auf beliebige krummlinige Bewegungen übertragen.

Das Bahnelement ds ist zugleich als Element der Bahntangente AT aufzufassen; da die Geschwindigkeit des Punktes A bestimmt ist mit $v = \frac{ds}{dt}$ als eine unendlich kleine geradlinige Bewegung, kann man annehmen, daß ihre Richtung mit der der Tangente im Punkte A übereinstimmt. Die Tangenten zweier benachbarter Punkte unterscheiden sich nun nicht nur der Größe, sondern auch der Richtung nach, so daß für die Beschleunigung der krummlinigen Bewegung andere Beziehungen als nach Seite 22 gelten.

Wir denken uns zur Lage A des bewegten Punktes (Fig. 13) die Nachbarlage A' ermittelt, in die A nach Zurücklegen des Weges ds in der Zeit dt gelangt. Die Geschwindigkeit in A sei v, die in A' sei v'. Da die Geschwindigkeiten v und v' in die Richtung der Bahntangenten fallen, schließen sie auch miteinander den gleichen Winkel $d\varphi$ ein. Wir zeichnen das Parallelogramm

[1]) Diese Bewegung wird System- oder auch Führungsbewegung genannt. Neuerdings wurde die Bezeichnung „Übertragungsbewegung" vorgeschlagen, siehe auch Seite 63 u. f.

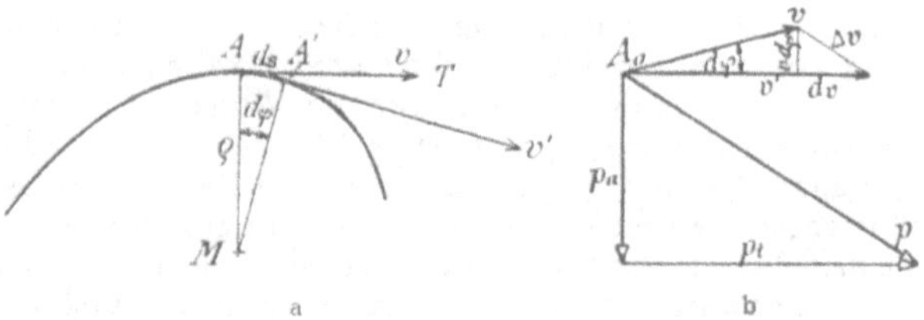

Fig. 13 a u. b. Geschwindigkeiten und Beschleunigungen bei krummliniger Bewegung.

der Geschwindigkeiten (Fig. 13 b) und stellen fest, daß wir, um von Geschwindigkeit v zu v' zu gelangen, die Elementarbeschleunigung Δv aufzuwenden. haben. Diese Elementarbeschleunigung Δv wird durch eine Beschleunigung p hervorgerufen, die auf den Punkt A in gleicher Richtung einwirkt: $p = \frac{\Delta v}{dt}$. An Stelle von Δv werden vielfach zwei Komponenten eingeführt (s. Fig. 13 b), von denen die eine dv in Richtung der Geschwindigkeit v' (also in Tangentenrichtung) und die andere $v \cdot d\varphi$ in dazu senkrechter Richtung (also in Normalenrichtung) liegt, also $\Delta v = dv \mapsto v \cdot d\varphi$.

Die Beschleunigung ist dann

$$p = \frac{\Delta v}{dt} = \frac{dv \mapsto v \cdot d\varphi}{dt} = \frac{dv}{dt} \mapsto \frac{v \cdot d\varphi}{dt} = p_t \mapsto p_n,$$

d. h. die Gesamtbeschleunigung läßt sich geometrisch aus zwei Einzelbeschleunigungen zusammensetzen.

Die Komponente: (6) $$p_t = \frac{dv}{dt}$$

fällt in die Tangentenrichtung und wird Tangentialbeschleunigung genannt. Diese Komponente verursacht lediglich eine Größenänderung der Geschwindigkeit v. (Ist v = konstant, so ist $p_t = 0$). Die andere Komponente: (7) $$p_n = v \cdot \frac{d\varphi}{dt}$$

fällt in die Richtung $v \cdot d\varphi$, die Normalenrichtung, und heißt daher Normalbeschleunigung. Sie versucht lediglich eine Richtungsänderung der Geschwindigkeit (p_n wird O in Wendepunkten der Bahn und bei geradliniger Bewegung). Kennt man den Krümmungshalbmesser der jeweiligen Bahnpunkte A und A', nämlich $AM = A'M = \varrho$, so erhält man mit $ds = \varrho \cdot d\varphi$

$$p_n = \frac{v d\varphi}{dt} = \frac{v ds}{\varrho dt} = \frac{v^2}{\varrho}. \tag{7a}$$

Die Normalbeschleunigung ist also proportional dem Quadrat der Geschwindigkeiten und umgekehrt proportional dem jeweiligen Krümmungshalbmesser. Aus dieser Beziehung ergeben sich auch einfache zeichnerische

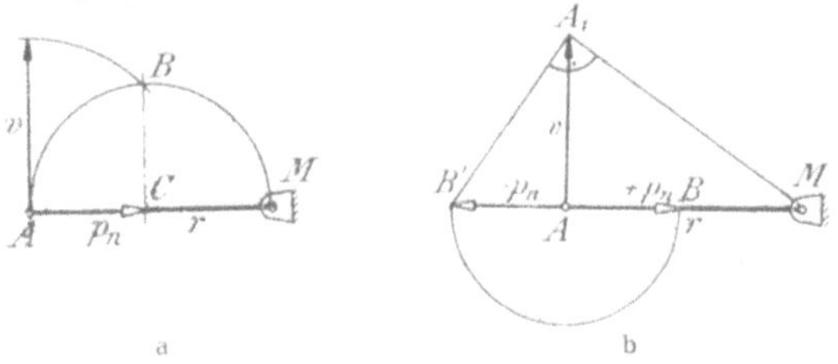

Fig. 14 a u. b. Graphische Verfahren zur Ermittlung der Normalbeschleunigung.

Konstruktionen von p_n, wenn v und $\varrho = r$ gegeben sind, die bei der Untersuchung von Getrieben häufig angewandt werden. Man schlägt über $AM = r$ (Fig. 14 a) den Halbkreis und bringt ihn mit dem Kreis um A mit v zum Schnitt (Punkt B). Man lotet B auf AM; $AC = p_n$ (Kathetensatz). Das Lot BC ist gleichzeitig ein geometrischer Ort für den Endpunkt von p. Ist $v \geq r$, so versagt diese Konstruktion. Man wählt dann die nach Fig. 14 b. Man verbindet M mit dem Endpunkt von v A_1 und errichtet hierauf das Lot, das die Verlängerung AM in B' schneidet. AB' ist der Größe nach p_n; um die richtige Lage von p_n zu erhalten, muß dieses erst noch um 180° nach Endpunkt B gedreht werden (Konstruktion nach dem Höhensatz). Im allgemeinen ist die Konstruk-

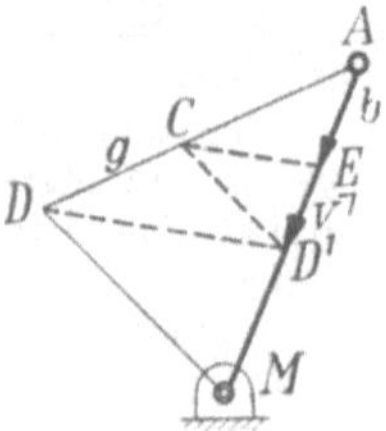

Fig. 15. Geometrische Konstruktion der Beschleunigung nach M. Grübler.

tion nach Fig. 14 a vorzuziehen, da sie p_n in richtiger Lage und gleichzeitig einen geometrischen Ort für den Endpunkt von p ergibt.

Eine andere geometrische Lösung für Gleichung (7a) nach M. Grübler kann ohne Zirkel ausgeführt werden. Sie ist besonders geeignet für gedrehte Geschwindigkeiten, die nicht gleich der Kurbellänge sind. In Fig. 15 ziehe eine beliebige Gerade durch A und wähle einen beliebigen Endpunkt D, der mit M verbunden wird. Ziehe eine Parallele zu MD durch D', den Endpunkt von v (C), und eine weitere Parallele durch C zu DD' (E), dann ist $AE = b$ (Proportionalität $\frac{b}{v} = \frac{v}{a}$). v entspricht p_n und $a = r$.

II. Ebene Bewegung zweier Ebenen.

a) Schiebung und Drehung.

Zur Untersuchung des Bewegungszustandes ebener Getriebe genügt nur in Einzelfällen die Kenntnis der Bewegung eines Punktes, im allgemeinen muß man die Bewegung einer Ebene kennen. Die Bewegung einer Ebene ist bestimmt, wenn man die Bewegung zweier ihrer Punkte, die einen festen Abstand voneinander haben, kennt. Ausgehend von der reinen Schiebung und Drehung, soll die allgemeine Bewegung zweier Ebenen zueinander behandelt werden.

Schiebung. Eine Ebene führt eine Schiebung aus, wenn eine in ihr liegende Gerade CD während der Bewegung ständig einer festen Geraden AB parallel bleibt. Sämtliche Körperpunkte der Ebene beschreiben deckungsgleiche,

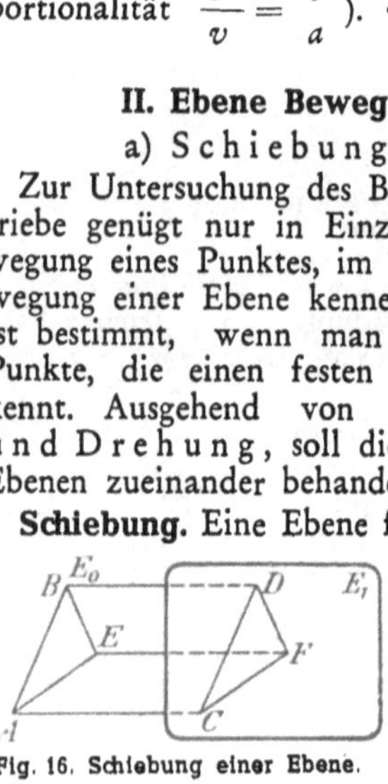

Fig. 16. Schiebung einer Ebene.

gleichliegende Bahnkurven (Fig. 16). Kennt man daher die Bahn eines einzelnen Punktes, z. B. A, der bewegten Ebene und seine Bewegungsgleichung $s = f(t)$, so ist damit auch die Bewegung jedes anderen Punktes bekannt.

Beispiel: Bewegung des Kreuzkopfes einer Dampfmaschine (Geradschubkurbelgetriebe).

Drehung um einen festen Punkt. Drehung nennen wir die Bewegung einer Ebene, wenn einer ihrer Punkte ständig seine Lage beibehält. Der feste Punkt heißt Drehpunkt oder Drehpol.

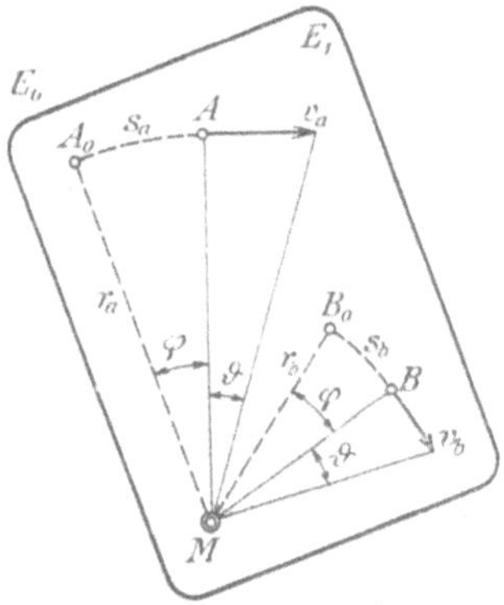

Fig. 17. Drehung einer Ebene.

M sei der feste Drehpunkt der Bewegung der Ebene E_1 gegenüber der feststehenden Ebene E_0 (Fig. 17). Wir wählen auf Ebene E_0 eine feste Bewegungsgerade MA_0 und bezeichnen von ihr aus die Bewegung des Punktes A; dieser bewegt sich um M auf dem gleichbleibenden Halbmesser r_a. Sein Bewegungsgesetz ist $s_a = f_a(t)$. Die Bewegung eines Punktes B mit Halbmesser r_b lautet $s_b = f_b(t)$; da $s_a = r_a \cdot \varphi$ und $s_b = r_b \cdot \varphi$, wobei φ der Drehwinkel, lautet das allgemeine Bewegungsgesetz

$$\varphi = \frac{f_a(t)}{r_a} = \frac{f_b(t)}{r_b} = f(t). \tag{8}$$

Die Drehung im Sinne des Uhrzeigers bezeichnet man als positiv, die Drehung gegen den Uhrzeiger als negativ. Je nach dem Drehsinn kann also φ positives oder negatives Vorzeichen haben.

Winkelgeschwindigkeit ω der Ebene E_1 zur Zeit t ist das Verhältnis des kleinen Winkelabschnittes $\Delta\varphi$ zu dem entsprechenden Zeitabschnitt Δt. Werden diese Abschnitte unendlich klein, so erhält man

(9) $$\omega = \frac{d\varphi}{dt} = \frac{d}{dt} f(t) = f'(t).$$

Winkelbeschleunigung der Ebene E_1 zur Zeit t ist das Verhältnis des in dem kleinen Zeitabschnitt Δt erfolgten Zuwachses der Winkelgeschwindigkeiten $\Delta\omega$ zu deren Zeitabschnitt Δt. Werden diese Abschnitte unendlich klein, so erhält man

(10) $$\varepsilon = \frac{d\omega}{dt} = \frac{d^2\varphi}{dt^2} = f''(t).$$

Man beachte die Übereinstimmung mit den auf Seite 12-14 erläuterten Begriffen von Geschwindigkeiten und Beschleunigung.

Einheiten. Im Gegensatz zur eigentlichen Geschwindigkeit, die von Weg und Zeit abhängt, ist die Winkelgeschwindigkeit ω ein reines Zeitmaß, ihre Einheit ist $\frac{1}{\text{sek}}$ oder sek^{-1}; graphisch wird sie durch den Winkel $\operatorname{tg} \vartheta = \frac{v_a}{r_a}$ (s. Fig. 18) dargestellt. Ebenso ist die Winkelbeschleunigung ε ein reines Zeitmaß mit der Einheit $\frac{1}{\text{sek}^2}$ oder sek^{-2}; sie läßt sich ebenfalls graphisch (s. Fig. 18) durch den Winkel $\operatorname{tg} \eta = \frac{p_t}{r_a}$ darstellen.

Bewegung eines beliebigen Punktes einer sich drehenden Ebene. Alle Punkte der sich um einen festen Punkt drehenden Ebene beschreiben konzentrische Kreise um den Drehpunkt. Aus der Anfangslage A_0 zur Zeit $t = O$ gelangte der bewegte Punkt auf den Halbmesser r zur Zeit t in Lage A (Fig. 17). Dann ist der Winkel $A_0MA = \varphi$ der in der Zeit t beschriebene Drehwinkel. Der in dieser Zeit zurückgelegte Weg ist

(11) $$s = r \cdot \varphi.$$

Nach den im Abschnitt I a entwickelten Beziehungen erhalten wir die Geschwindigkeit des Punktes A zur Zeit t

(12) $$v = \frac{ds}{dt} = r \cdot \frac{d\varphi}{dt} = r \cdot \omega$$

die Tangentialbeschleunigung des Punktes A zur Zeit t

(13) $$p_t = \frac{dv}{dt} = r \cdot \frac{d\omega}{dt} = r \cdot \frac{d^2\varphi}{dt^2} = r \cdot \varepsilon$$

die Normalbeschleunigung des Punktes A zur Zeit t

(14) $$p_n = \frac{v^2}{\varrho} = \frac{(r \cdot \omega)^2}{r} = r \cdot \omega^2 = \frac{v^2}{r}$$

die Gesamtbeschleunigung

(15) $$p = p_t \dotplus p_n = \sqrt{p_t^2 + p_n^2} = \sqrt{(r \cdot \varepsilon)^2 + (r\omega^2)^2} = r\sqrt{\varepsilon^2 + \omega^4}$$

Die Gesamtbeschleunigung ist gegen den Halbmesser AM um den Winkel α geneigt, wobei

(16) $$\operatorname{tg} \alpha = \frac{p_t}{p_n} = \frac{r \cdot \varepsilon}{r \cdot \omega^2} = \frac{\varepsilon}{\omega^2}.$$

Man erkennt, daß bei Drehung einer Ebene um einen festen Punkt Wege, Geschwindigkeiten und Beschleunigungen proportional mit dem Halbmesser wachsen. Der Winkel zwischen Halbmesser und Beschleunigung ist dagegen vom Halbmesser unabhängig.

Beispiel: Ermittlung der Geschwindigkeit und Beschleunigung des Punktes C auf AM (Fig. 18). Man verbindet den Endpunkt von v_a mit M und zieht eine Parallele durch C zu v_a, die Verbindungslinie v_aM schneidet hierauf v_c ab. Ferner verbindet man den Endpunkt von p_a mit M und zieht eine Parallele zu p_a durch C, die Verbindungslinie schneidet auch hier p_c ab. Während v_a und v_c $\perp$ zu AM stehen, sind p_a und p_c um den gleichbleibenden Winkel α gegen AM geneigt.

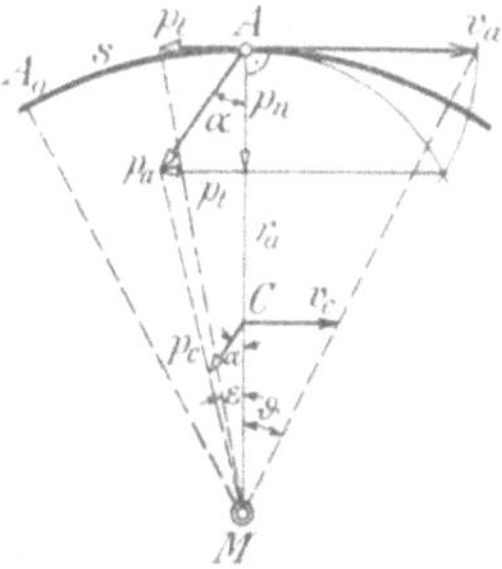

Fig. 18. Beschleunigungen einer Ebene, die sich um einen festen Drehpunkt dreht.

Bei gleichförmiger Bewegung, also bei konstanter Winkelgeschwindigkeit, wird $\frac{d\omega}{dt} = \varepsilon = 0$; dagegen bleibt die Normalbeschleunigung konstant. Bei dieser Bewegung wird häufig an Stelle der Winkelgeschwindigkeit die Drehzahl oder Zahl der Umdrehungen je Minute (U/min) angegeben.

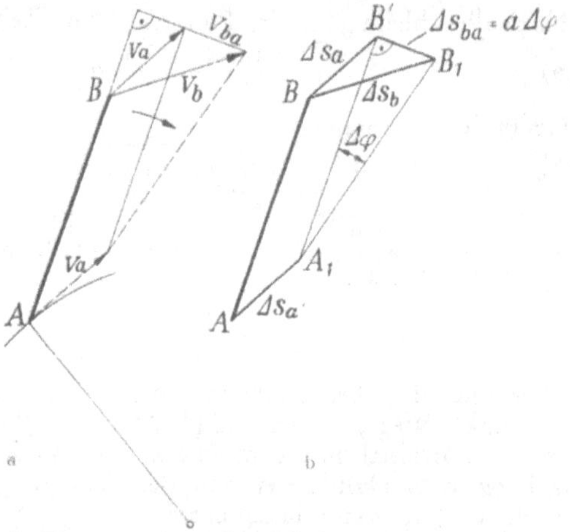

Fig. 19 a u. b. Zusammensetzen einer Schiebung und Drehung: a) mittels Geschwindigkeitsvektoren, b) mittels Elementarbewegungen.

Winkelgeschwindigkeit $\omega = \frac{2\pi \cdot n}{60} = 0{,}1047 \cdot n \cdot \text{sek}^{-1}$

Drehzahl $n = \frac{30 \cdot \omega}{\pi} = 9{,}549 \cdot \omega \cdot \text{min}^{-1}$

Umlaufzeit $T = \frac{2\pi}{\omega} = \frac{60}{n}$ sek (Zeit für eine Volldrehung).

Allgemeine Bewegung: Durch Zusammensetzen einer Schiebung (siehe S. 26) und einer Drehung (siehe S. 27) erhält man die allgemeine Bewegung einer Ebene. Das Ende A einer Stange $a = \overline{AB}$ (Fig. 19 a) führt eine Schiebung mit der Geschwindigkeit v_a aus, während sich die Stange gleichzeitig mit der Winkelgeschwindigkeit ω dreht. Als Elementarbewegung aufgefaßt, gelangt Stange AB durch eine Elementarschiebung Δs_a in die Lage A_1B', durch die zusätzliche Drehung $\Delta\varphi$ wird Punkt B' am Hebelarm a nach B_1 gebracht.

$$\Delta s_b = \Delta s_a \mapsto \Delta s_{ba} = \Delta s_a \mapsto a\Delta\varphi$$

umgewandelt in endliche Geschwindigkeiten (Fig. 19 b)

$$v_b = v_a \to a d\varphi = v_a \to a\,\omega.$$

b) Momentanpol zweier sich beliebig bewegender Ebenen.

Bewegt sich eine Ebene E_1 (Fig. 20) gegen eine ruhende Ebene E_0 und haben ihre beiden Punkte A und B die Geschwindigkeiten v_a und v_b (v_a Größe und Richtung beliebig, dann v_b nur nach Richtung beliebig, dagegen Größe bestimmt), so kann man den augenblicklichen Bewegungszustand der Ebene E_1 als Drehung um einen Punkt P auffassen. Diesen Punkt P bestimmt man als Schnittpunkt der in A auf v_a und in B auf v_b errichteten Lote. Verbindet man die Endpunkte von v_a und v_b mit dem Punkt P, so muß dieser Punkt die augenblickliche Geschwindigkeit $= 0$ haben; dies ist dann der Fall, wenn $\frac{v_a}{r_a} = \frac{v_b}{r_b} = \omega = \operatorname{tg}\vartheta$ (hieraus dann Bestimmung der Größe von v_b s. weiter unten), wobei ω = Winkelgeschwindigkeit des Momentanpols.

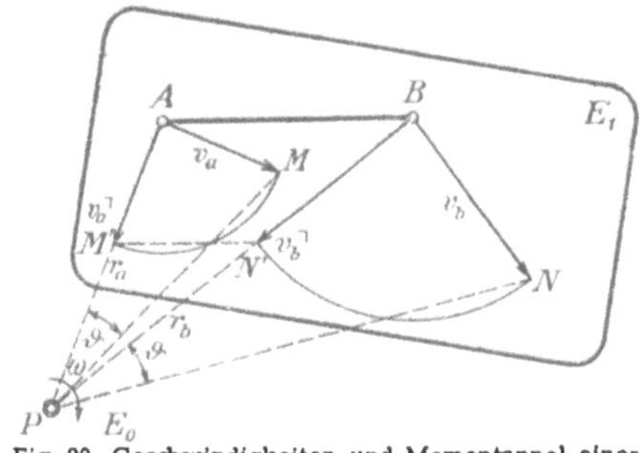

Fig. 20. Geschwindigkeiten und Momentanpol einer sich bewegenden Ebene.

Man nennt deshalb den Punkt P Geschwindigkeitspol, Momentanpol oder Momentanzentrum. Es ist dies der einzige Punkt der Ebene E_1, der im betrachteten Zeitpunkt in Ruhe bleibt, er ist deshalb beiden Ebenen E_0 und E_1 gemeinsam.

Mit Hilfe des Geschwindigkeitspoles läßt sich die Geschwindigkeit jedes beliebigen Punktes der bewegten Ebene ermitteln, wenn die Geschwindigkeit v_a eines Punktes A bekannt ist (Fig. 21). Die Geschwindigkeit jedes beliebigen Punktes B, C, usw. findet man dadurch,

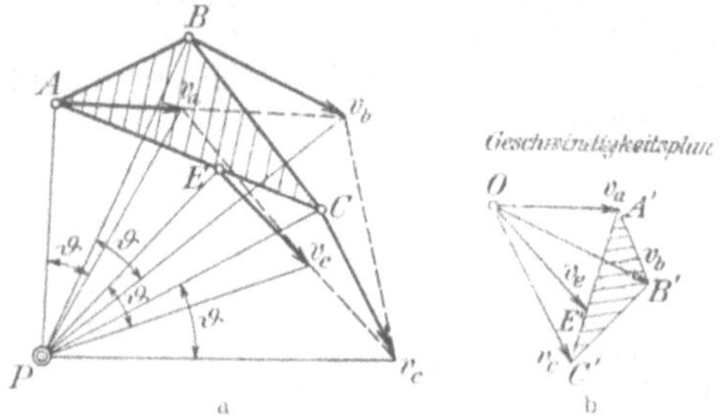

Fig. 21 a u. b. Ermittelung der Geschwindigkeiten beliebiger Punkte einer bewegten Ebene mittels des Geschwindigkeitsplanes.

daß man den vom Polstrahl AP und der Verbindungslinie v_aP eingeschlossenen Winkel (s. Seite 28) ebenfalls an die Polstrahlen PB bzw. PC anträgt. Diese schneiden auf den Senkrechten zu den Polstrahlen die Geschwindigkeiten v_b bzw. v_c ab. Man erkennt, daß die Endpunkte der Geschwindigkeiten v_a, v_b, v_c ein dem Dreieck ABC ähnliches Dreieck bilden. Eine weitere geometrische Beziehung zwischen den Geschwindigkeiten erhält man, wenn man den sogen. Geschwindigkeitsplan (Fig. 21 b) entwirft. Man trägt von einem beliebigen Punkt O aus die Geschwindigkeiten der Punkte ABC usw. nach Größe und Richtung an. Die Endpunkte $A'B'C'$ bilden wieder ein dem Dreieck ABC ähnliches Dreieck. Diese Beziehungen geben die Möglichkeit, die Geschwindigkeiten beliebiger

Punkte zu ermitteln. In der Bewegungsgeometrie hat es sich eingeführt, mit den um 90° gedrehten Geschwindigkeiten zu arbeiten, da sich hierdurch viele Aufgaben leichter und genauer lösen lassen (s. Seite 39). Sie werden im folgenden mit $\bar{v}_a$ gekennzeichnet; andererseits gibt es verschiedentlich Lehrbücher, die aus Gründen der Anschaulichkeit die Anwendung der wirklichen Geschwindigkeitspfeile vorziehen.

In Abschnitt Ic wurde nachgewiesen, daß die Richtung der Geschwindigkeit eines Punktes mit der Bahntangente zusammenfällt. Sind also die Bahnen zweier Punkte *A* und *B* gegeben, so kann man ohne Zuhilfenahme der Geschwindigkeiten durch Zeichnen der Bahnnormalen zu einer beliebigen Lage $\overline{A_n B_n}$ den zugehörigen *Pol* P_n ermitteln (Fig. 22). Verändert die Strecke *AB* ihre Lage, so wird im allgemeinen der Pol *P* seine Lage ändern. Ermittelt man für verschiedene aufeinanderfolgende Lagen *AB* den jeweiligen Drehpunkt, so stellt man fest, daß sich die Pole auf einer Kurve oder Linie anordnen. Es entsteht sowohl auf der ruhenden Ebene als auch auf der bewegten Ebene eine Kurve. Die Kurve auf der ruhenden

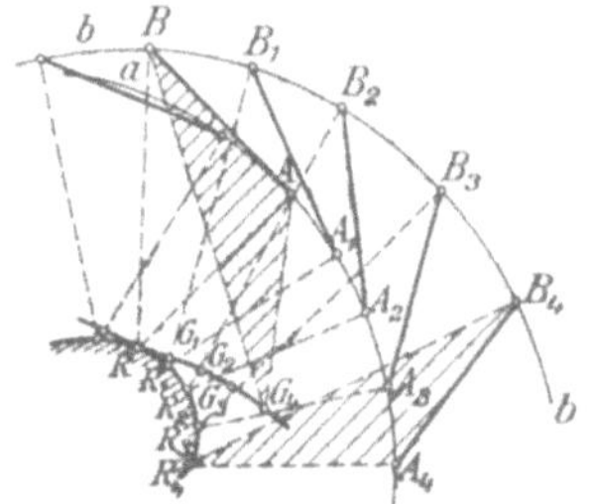

Fig. 22. Die Bewegung einer Ebene kann stets durch das Abrollen einer beweglichen Polbahn G auf einer festen Polbahn R dargestellt werden.

Ebene nennt man Rastpolbahn *R* und diejenige auf der bewegten Ebene Gangpolbahn *G*. In jedem Zeitpunkt haben beide Polkurven den Pol gemeinsam. Durch eine Drehung um einen unendlich kleinen Winkel um diesen gemeinsamen Punkt gelangen jeweils die Nachbarkurven zur Deckung. Das ist nur möglich, wenn die sich im Pol berührenden Polkurven aufeinander abrollen, ohne zu gleiten (man nennt sie deshalb auch Rollkurven). Die Rastpolbahn R ermittelt man zeichnerisch durch Annahme verschiedener Lagen AB auf den Bahnen a und b. Sehr zweckmäßig ist es, ein durchsichtiges Stück Zeichenpapier als Ebene AB zu benutzen, man erhält dann auf ihr die Gangpolbahn G und kann den Bewegungsverlauf durch Abrollen der Polbahnen aufeinander gut verfolgen. Für eine bestimmte Anfangsstellung läßt sich die Gangpolbahn auch in die Zeichnung der ruhenden Ebene eintragen, indem man die vom Pol und den Kurvennormalen gebildeten Dreiecke auf die Anfangsstellung überträgt, so ist $\Delta\ ABG_4 \cong s\ A_4B_4R_4$.

Da sich jede Bewegung einer Ebene auf einer anderen, wie sie durch ein beliebiges Getriebe erzeugt wird, durch die Bewegung der aufeinander abrollenden Polbahnen ersetzen läßt, bilden die Polbahnen eines der wichtigsten Hilfsmittel zur Konstruktion und Untersuchung von Getrieben.

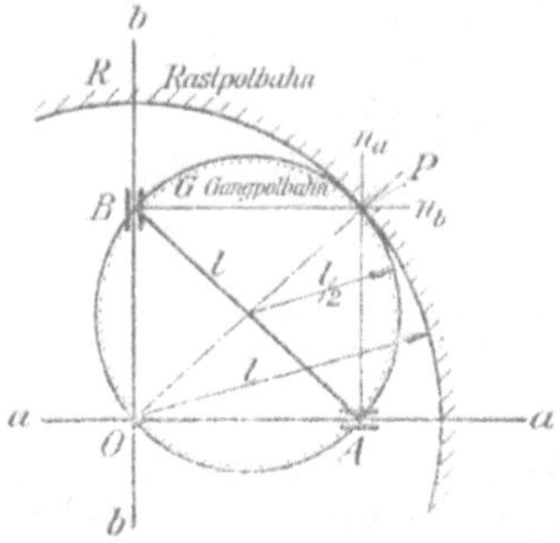

Fig. 23. Bewegung einer Stange l an zwei sich kreuzenden Bahnen (Rastpolbahn Kreis von Halbmesser l, Gangpolbahn Kreis von Halbmesser l/2).

Beispiele: Punkt A der Stange $AB = l$ (Fig. 23) bewegt sich auf der Geraden a, Punkt B auf der Geraden b. Wir finden P als Schnittpunkt der Normalen n_a in A und n_b in B. Man erkennt, daß der Abstand $OP = AB = l$, also konstant ist; P bewegt sich beim Gleiten der Stange AB auf den Geraden a und b auf einem Kreise um O mit Halbmesser l. Die Rastpolbahn ist also ein Kreis. Betrachten wir den mit P zusammenfallenden Punkt der Gangpolbahn, so erkennen wir, daß dieser Punkt stets im Scheitel eines rechtwinkligen Dreiecks APB liegt. Der geometrische Ort ist also ein Halbkreis über $AB = l$ mit $l/2$. Die Bewegung der Stange

$AB = l$ auf den Geraden a und b kann also ersetzt werden durch das Rollen eines Kreises vom Halbmesser $l/2$ in einem Kreis vom doppelten Halbmesser l (Kardanproblem).

Diese Bewegung kann durch die verschiedensten getrieblichen Hilfsmittel erreicht werden (siehe Getriebelehre II). Beliebige Punkte in der Stangenebene beschreiben Ellipsen mit Ausnahme des Mittelpunktes, der einen Kreis beschreibt; die Ellipsen der Endpunkte A und B gehen in die Geraden aa und bb über (siehe Fig. 24).

Dies gilt auch für den Fall, daß der Schnittwinkel der Geraden aa und bb beliebig ist (Fig. 24)[1]. Rastpolbahn und Gangpolbahn bleiben Kreise. Während der Mittelpunkt O der Rastpolbahn in O, den Schnittpunkt der Geraden fällt, liegt M, der Mittelpunkt der Gangpolbahn, nicht mehr auf der Mitte der Stange AB, sondern halbiert den Abstand OP. Zwei verschiedene Ellipsen sind eingezeichnet für Punkte S_1 und S_2 der Stange S.

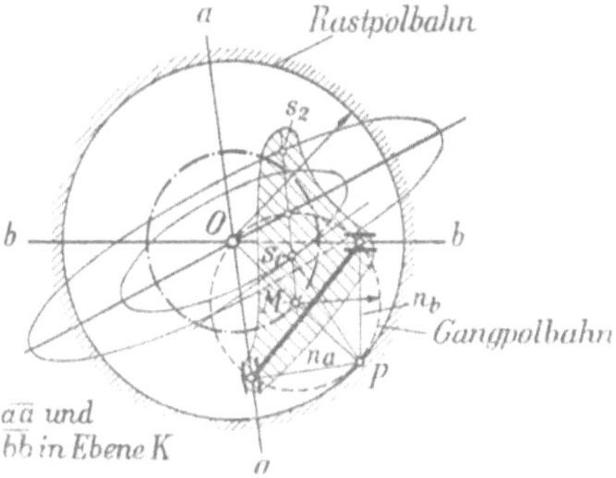

Fig. 24. Polbahnen und Punktbahnen für die Bewegung einer Geraden längs zweier geneigter Geraden.

Das umgekehrte Problem ist, daß durch zwei feste Punkte A und B in Ebene S eine Ebene K mit Achsenkreuz aa und bb mit Mittelpunkt O bewegt wird (Kinematische Umkehrung). Die Polbahnen der Bewegung bleiben die gleichen, wie in Fig. 25 für den stumpfen Winkel $a\,o\,b$ gezeigt ist, nur ist jetzt die Rastpolbahn, verbunden mit Ebene S, ein Kreis vom Halbmesser $l/2$ und die Gangpolbahn, verbunden mit Ebene K, ein Kreis vom Halbmesser l. Andererseits sind die

[1]) Ähnliche Abbildungen wie Fig. 24 und 25 waren in früheren Auflagen der Hütte Bd. I enthalten, z. B. 26. Aufl. S. 271, 1931, sind aber in der 27. Aufl. 1948 entfallen.

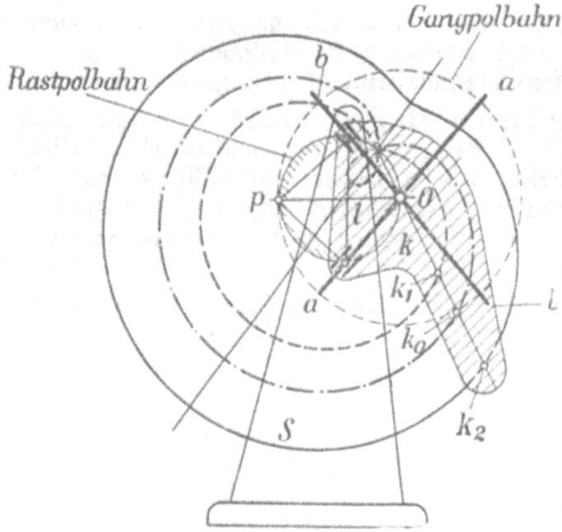

Fig. 25. Polbahnen und Punktbahnen für die Bewegung eines schiefwinkligen Achsenkreuzes durch zwei Punkte mit festem Abstande.

Bahnkurven, beschrieben durch Punkte der Ebene K, wesentlich verschieden von denen in Fig. 24. Sie sind Pascalsche Kurven; Punkte auf der Gangpolbahn, z. B. K_1 sind Kardioiden mit Rückkehrpunkt (Spitze). Punkte, z. B. K_2, außerhalb der Gangpolbahn beschreiben Punktbahnen mit isoliertem Punkt, Punkte innerhalb der Gangpolbahn, z. B. K_1, solche mit Schleife. Ein im Gestell festgelagerter Punkt beschreibt eine Ellipse auf dem bewegten Achsenkreuz (hiervon wird Gebrauch gemacht beim Ovalwerk von Leonardo da Vinci, siehe Getriebelehre II).

In Fig. 26 bewegt sich ein Punkt A einer Stange $AB = l$ auf einer Geraden a, Punkt B auf einem Kreis b (Geradschubkurbelgetriebe). Wir finden P durch Errichten des Lotes in A auf AO und durch Ziehen der Verlängerung OB. Sowohl die Rastpolbahn R als auch die Gangpolbahn G ist keine geschlossene Kurve mehr, die Kurvenzweige gehen ins Unendliche.

Hüllkurven. Nehmen wir die Rastpolbahn R in der ruhenden Ebene E_0 und die Gangpolbahn G in der bewegten Ebene E_1 als gegeben an, ferner sei eine beliebige Kurve k_g in der Ebene E_1 gegeben (Fig. 27). Beim Abrollen der beiden Polbahnen aufeinander nimmt die Kurve k_g verschiedene Lagen ein, die sämtlich von einer Kurve k_r der ruhenden Ebene berührt bzw. eingehüllt werden. Man nennt die Kurve k_g Hüllkurve, k_r Hüllbahn; beide Kurven zusammen heißen ein Hüllk u r v e n p a a r. Auch die Gangpolbahn *G* hüllt bei Bewegung der Ebene die Rastpolbahn *R* ein; es bilden deshalb *G* und *R* neben ihrer Eigenschaft als Rollkurvenpaar ebenfalls ein Hüllkurvenpaar. Aus der Art der Bewegung ist ersichtlich, daß die beiden Hüllkurvenpaare eine gemeinsame Normale *N* haben. H i e r a u s k a n n m a n d e n S a t z a b l e i t e n, d a ß d e r P o l d e r B e w e g u n g e i n e r E b e n e a u f d e r a u g e n b l i c k l i c h e n B e r ü h r u n g s n o r m a l e n d e s H ü l l k u r v e n p a a r e s l i e g t.

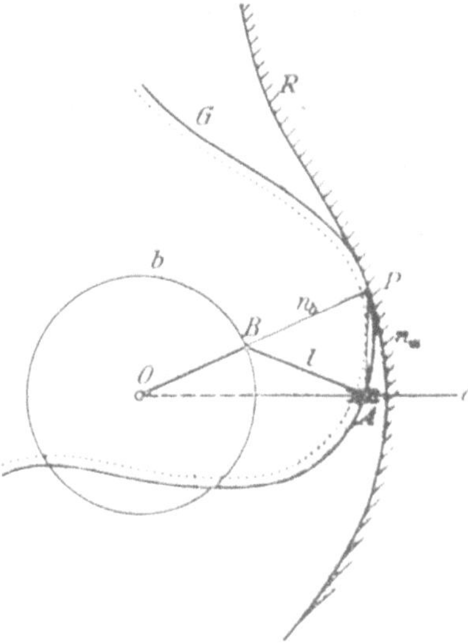

Fig. 26. Polbahnen eines Geradschubkurbelgetriebes.

Da der Pol einer Bewegung erst durch den Schnittpunkt zweier Berührungsnormalen bestimmt ist, folgert hieraus, daß der Pol erst durch zwei Hüllkurvenpaare k_1 und k_2 vollständig bestimmt wird (Fig. 28), gleichzeitig hiermit bestimmen sich die beiden Polbahnen *G* und *R*.

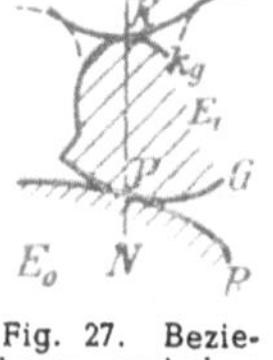

Fig. 27. Beziehung zwischen Hüllbahnen und Polbahnen.

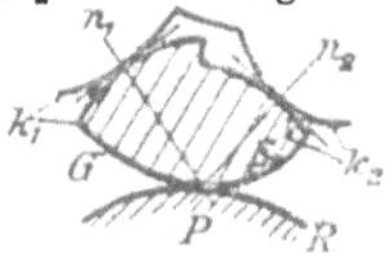

Fig. 28. Zwei Hüllkurvenpaare bestimmen ein Polbahnpaar.

Umkehrung der Bewegung erhält man, wenn man die bewegte

Polbahn G zur ruhenden und die ruhende zur bewegten macht. Die Lage der Pole und die Form der Polbahnen ändern sich hierdurch nicht (siehe Fig. 24 und 25). Die umgekehrte Bewegung ist aber von der ursprünglichen im allgemeinen verschieden; jedoch bestehen bestimmte Beziehungen.

Beispiel I: Ein Kreis rollt auf einer Geraden, ein beliebiger Punkt des Kreises beschreibt Zykloiden (siehe Fig. 37 S. 51); rollt dagegen eine Gerade auf einem Kreis ab, so beschreibt

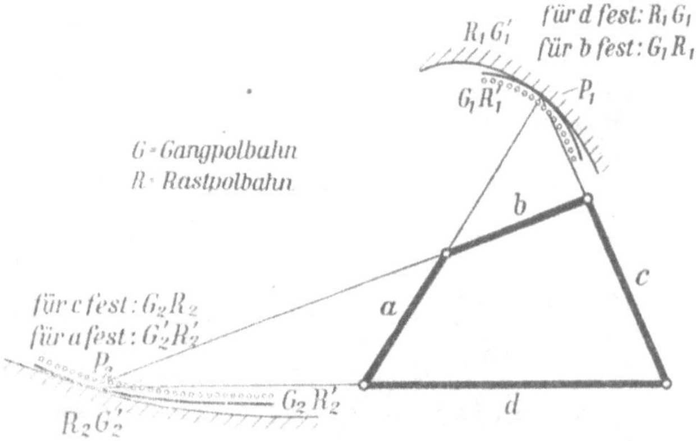

Fig. 29. Polbahnenpaare eines Gelenkviereckes.

ein beliebiger Punkt in der Ebene des Kreises Evolventen (Zahnform an Zahnrädern).

Beispiel II: Bei der Viergelenkkette haben wir nach Fig. 46, Seite 61, sechs Pole, von denen vier, d. h. P_{12}, P_{14}, P_{34}, P_{23}, mit den Gelenkpunkten zusammenfallen. Durch Aufstellung der Kette auf einem Glied bleibt in Übereinstimmung mit dem Vorbeschriebenen nur noch ein Polbahnpaar übrig, das die Bewegung kennzeichnet. Beispielsweise (Fig. 29) bei Aufstellung auf Glied d oder b ist der Bewegungspol P_1 und bei Aufstellung auf a oder c der Bewegungspol P_2 maßgebend. Bei Aufstellung auf d ist R_1 die Rastpolbahn und bei Aufstellung auf

$b R'_1$; die weiteren Zusammenhänge gehen aus der Abbildung hervor.

Beispiel III: Das gegenläufige Antiparallelkurbelgetriebe (Aufstellung auf einem großen Glied) hat elliptische Polbahnen, das gleichläufige Antiparallelkurbelgetriebe (Aufstellung auf einem kurzen Glied) hat hyperbolische Polbahnen.

Gedrehte Geschwindigkeiten. Die Beziehung, die zwischen den Geschwindigkeiten beliebiger Punkte einer bewegten Ebene besteht (s. Abschnitt II b), nämlich

$$\omega = \frac{v_a}{r_a} = \frac{v_b}{r_b}$$

läßt sich bequem zeichnerisch dadurch darstellen, daß man die Geschwindigkeiten um 90° im Uhrzeigersinn dreht, im folgenden bezeichnet $\overline{v}$. Sie fallen dadurch in die Hauptstrahlen des jeweiligen Poles. Ist z. B. der Momentanpol P (Fig. 20) sowie die Geschwindigkeit v_a gegeben, so ermittelt man graphisch die Geschwindigkeit eines beliebigen Punktes B der bewegten Ebene, indem man v_a um 90° dreht und durch den so ermittelten Punkt M' eine Parallele zu AB zieht. Die auf BP abgeschnittene Strecke BN' ist die um 90° gedrehte Geschwindigkeit v_b.

Die in Fig. 21 gelöste Aufgabe, die Geschwindigkeit eines beliebigen Punktes B, C, E usw. einer bewegten Ebene aufzufinden, wird durch Benutzung der gedrehten Geschwindigkeiten wesentlich vereinfacht (Fig. 30).

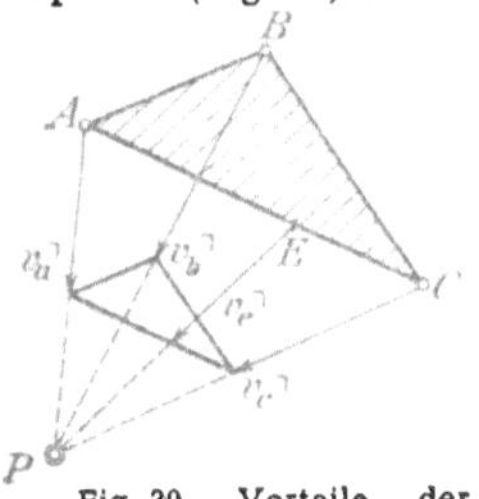

Fig. 30. Vorteile der Anwendung gedrehter Geschwindigkeiten für die Ermittelung von Geschwindigkeiten.

Die Endpunkte $\overline{v}_a$, $\overline{v}_b$ und $\overline{v}_c$ bilden ein dem Dreieck ABC ähnliches Dreieck. Der Endpunkt des Geschwindigkeitsvektors v_e eines Punktes E auf der Verbindungslinie AC liegt auf der Verbindungslinie $\overline{v}_a$ und $\overline{v}_c$ in Richtung EP. Man vergleiche, wieviel einfacher diese Konstruktion ist als die nach Fig. 21 (Seite 32).

Merksätze: Die augenblickliche Bewegung einer Ebene kann durch eine Elementardrehung um einen Punkt (augenblicklicher Drehpunkt oder Momentanpol, auch Geschwindigkeitspol genannt) ersetzt werden.

Die Punkte der ruhenden Ebene, mit denen der Pol nacheinander zusammenfällt, bilden die ruhende Polbahn (Rastpolbahn R), die Punkte der bewegten Ebene, mit denen der Pol nacheinander zusammenfällt, die bewegliche Polbahn (Gangpolbahn G). Beide Polbahnen berühren sich in jedem Augenblick im Pol und r o l l e n aufeinander ab (Rollkurven).

Für jede Bewegung gibt es nur ein Polbahnenpaar. Der Pol ist eindeutig bestimmt als Schnittpunkt der Normalen zu den Bahnen zweier Punkte.

Jede Kurve der bewegten Ebene (Hüllkurve) hüllt eine Kurve der ruhenden Ebene (Hüllbahn) ein. Der Momentanpol liegt dann auf der augenblicklichen Berührungsnormalen. Zwei Hüllkurvenpaare bestimmen Momentanpol, Gang- und Rastpolbahn.

c) B e s c h l e u n i g u n g s p o l.

Bei der allgemeinen Bewegung einer Ebene gegenüber einer anderen beschreiben im allgemeinen alle Punkte krummlinige Bahnen und haben daher Geschwindigkeiten und Beschleunigungen. Nur der jeweilige Geschwindigkeitspol allein besitzt augenblicklich keine Geschwindigkeit. Da er jedoch dauernd seine Lage wechselt, kann seine Beschleunigung nicht O sein. Gibt es nun in der bewegten Ebene einen Punkt, der keine Beschleunigung besitzt? Ein derartiger Punkt J dürfte weder eine Tangential- noch eine Normalbeschleunigung haben. Nach Seite 24 ist also

$$p_t = \frac{dv}{dt} = O \qquad p_n = \frac{v^2}{\varrho} = O.$$

Da der Geschwindigkeitspol der einzige Punkt ist, für den $v = O$ wird, muß andererseits der Punkt J, den wir B e s c h l e u n i g u n g s p o l nennen wollen, eine endliche Geschwindigkeit v besitzen. Aus der Bedingung $p_t = O$ erkennt man, daß die augenblickliche Geschwindigkeit des Punktes J sogar einen Maximal- oder Minimalwert hat. $p_n = O$ ist nur erfüllt, wenn $\varrho = \infty$ wird, d. h., wenn sich J in einem Wendepunkt seiner Bahn befindet.

Um die L a g e d e s B e s c h l e u n i g u n g s p o l e s möglichst anschaulich abzuleiten, benutzen wir eine Hilfsvorstellung (Fig. 31). Da die Geschwindigkeit v_J des gesuchten Beschleunigungspoles J während eines Zeitelementes gleich bleibt, so ändert sich an den Beschleunigungen (die Beschleunigung wird nur von einer Geschwindigkeitsänderung beeinflußt) der einzelnen Punkte der bewegten Ebene nichts, wenn man allen Punkten eine zusätzliche

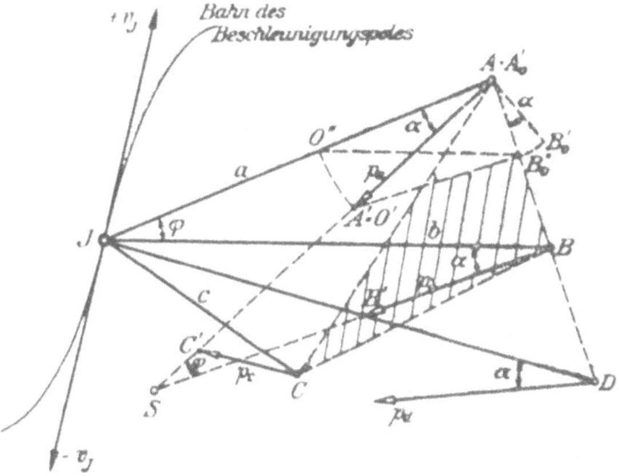

Fig. 31 a.

Fig. 31 a u. b. Lage des Beschleunigungspoles; Ermittelung der Beschleunigung beliebiger Punkte. Beziehungen zwischen Beschleunigungspfeilen.

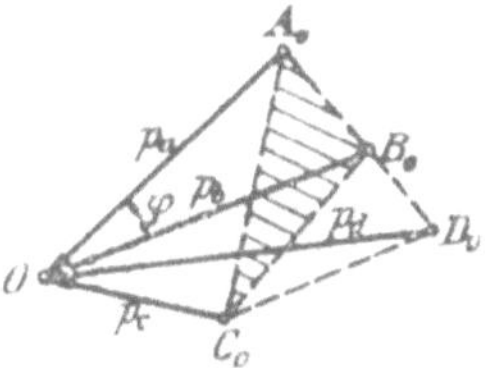

Fig. 31 b.

Geschwindigkeit erteilt, die gleich der Geschwindigkeit v_J und entgegengesetzt gerichtet ist. Auf diese Weise erhält Punkt J sowohl keine Beschleunigung als auch keine Geschwindigkeit. Wir können ihn als festen Drehpunkt ansehen und die auf Seite 29 abgeleiteten Regeln für die Beschleunigung einer sich um einen festen Punkt drehenden Ebene anwenden.

Sind p_a und p_b die Beschleunigungen zweier Punkte A und B der bewegten Ebene, a und b die Abstände von J (dem angenommenen festen Drehpunkt), so ist nach Seite 29

$$p_a : p_b = a : b$$

$$\sphericalangle\, JAA' = \sphericalangle\, JBB' = \alpha.$$

Schneiden sich p_a und p_b in S, so ist, wie sich aus den geometrischen Beziehungen der Dreiecke ergibt,

$$\sphericalangle\, ASB = \sphericalangle\, AJB = \varphi$$

Kennt man die Beschleunigungen p_a und p_b zweier Punkte A und B einer bewegten Ebene nach Größe und Richtung, so findet man den Beschleunigungspol J als Spitze eines Dreiecks mit

a) Basis AB,

b) dem ihr gegenüberliegenden Winkel φ,

c) dem Seitenverhältnis $\overline{AJ} : \overline{JB} = a : b = p_a : p_b$.

Der geometrische Ort J ist der Schnittpunkt eines Kreises, der durch ABS geht, und eines Halbkreises über die beiden Punkte, die AB innen und außen im Verhältnis $p_a : p_b$ teilen (Apollonischer Lehrsatz).

Eine elegantere Lösung, die vom Beschleunigungsplan Gebrauch macht, ist folgende:

Man trägt in einem Nebenbild (Fig. 31 b) vom Punkte O aus p_a und p_b nach Richtung und Größe auf. Es entsteht das Dreieck OA_0B_0, das durch die Beziehung $p_a : p_b = a : b$ dem Dreieck JAB ähnlich sein muß. Man konstruiert also über AB als Grundlinie ein dem Dreieck A_0B_0O kongruentes Dreieck $A'_0B'_0O'$, und dreht dann das Dreieck um die Seite A_0B_0 um den Winkel α in die Lage $A_0B''_0O''$. Durch Verlängern von AO'' und Ziehen einer Parallele zu B''_0O'' durch B erhält man als Schnittpunkt J. Der Punkt O im Beschleunigungsplan entspricht dem Beschleunigungspol J.

Der Beschleunigungsplan und der Beschleunigungspol erlauben, auch die Beschleunigung jedes beliebigen Punktes C der bewegten Ebene zu ermitteln. Die Beschleunigung p_c des Punktes C muß wieder unter dem Winkel α zum Fahrstrahl CJ liegen. Im Beschleunigungsplan liegt ein Endpunkt von p_c in O, der andere Endpunkt C_0 entspricht dem wirklichen Punkt C. Es folgt, daß $\Delta\, C_0OB_0 \approx \Delta\, CJB$

$\Delta\, C_0OA_0 \approx \Delta\, CJA$ damit ist auch

$\Delta\, A_0B_0C_0 \approx \Delta\, ABC.$

Kennt man also die Beschleunigung p_a und p_b zweier Punkte A und B der bewegten Ebene und will man die Beschleunigung p_c eines beliebigen anderen Punktes C der Ebene finden, so muß man im Beschleunigungsplan über A_0B_0 das dem Dreieck ABC ähnliche Dreieck $A_0B_0C_0$ errichten und findet dann in $C_0O = p_c$ nach Größe und Richtung (vergl. den entsprechenden Satz für die Geschwindigkeit eines beliebigen Punktes C einer bewegten Ebene auf Seite 32).

Merksätze: Der Beschleunigungspol hat die Gesamtbeschleunigung = 0, jedoch eine endliche Geschwindigkeit. Jeder Punkt C des bewegten Systems hat eine Gesamtbeschleunigung p_c, die dem Abstande vom Beschleunigungspol proportional ist: $p_c = \sqrt{\varepsilon^2 + \omega^4}$ und mit dem Fahrstrahl r den Winkel α einschließt; $\operatorname{tg} \alpha = \varepsilon/\omega^2$. Die Endpunkte der Beschleunigungen bilden ein dem System ihrer Punkte ähnliches System. Liegen z. B. die Punkte A, B, D auf einer Geraden, so liegen die Endpunkte der Beschleunigungen p_a, p_b, p_d auf einer Geraden, im Beschleunigungsplan liegen die Endpunkte der Beschleunigungspfeile auf einer Geraden (siehe Fig. 31 b) jedoch um den Winkel α gedreht.

d) Wendekreis und Wechselkreis[1]).
(Zusammenhang zwischen Geschwindigkeits- und Beschleunigungspol).

Nachdem die Eigenschaften und die Lage des Beschleunigungspoles bekannt sind, möchte man erfahren, welche Lage und Beziehung er zum Geschwindigkeitspol besitzt.

Die beiden Polbahnen R und G berühren sich im Pol P (Fig. 32), der die augenblickliche Geschwindigkeit $v = 0$ hat.

1) R. Beyer (Schrifttum 18, S. 234) schlägt die Bezeichnung „Gleichenkreis" vor.

Da die Polbahnen aufeinander abrollen ohne zu gleiten, besitzt der Pol P nur eine Beschleunigung p_0 senkrecht zu den Polbahnen. Der Beschleunigungspol J muß deshalb zur Beschleunigung p, d. h. zur Polbahnnormalen, unter dem Winkel α liegen. Somit ist bereits die Richtung von J bestimmt. Den Abstand PJ finden wir, indem wir die Beschleunigung (wie

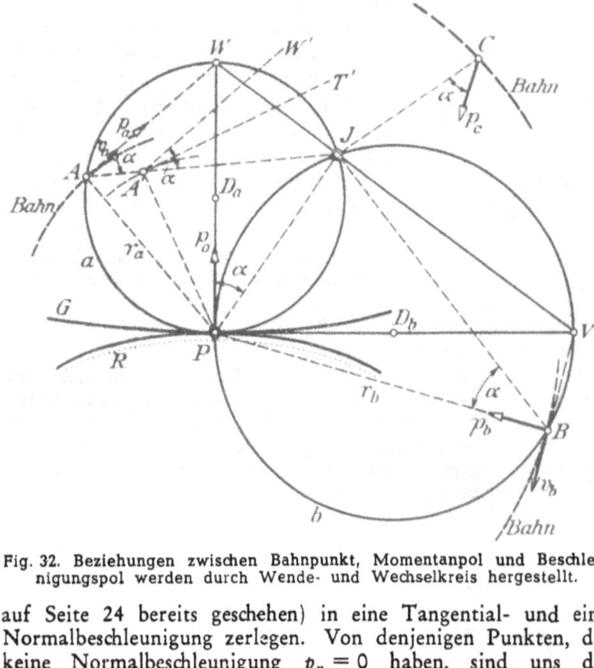

Fig. 32. Beziehungen zwischen Bahnpunkt, Momentanpol und Beschleunigungspol werden durch Wende- und Wechselkreis hergestellt.

auf Seite 24 bereits geschehen) in eine Tangential- und eine Normalbeschleunigung zerlegen. Von denjenigen Punkten, die keine Normalbeschleunigung $p_n = 0$ haben, sind uns die Punkte J (der auch keine Tangentialbeschleunigung besitzt) und P bereits bekannt. Bei einem beliebigen Punkt A, der diese Bedingung ebenfalls erfüllt, muß die Tangentialbeschleunigung p_t in die Richtung der Tangente und des Geschwindigkeitsvektors v_a fallen. v_a steht aber gleichzeitig senkrecht zum

Fahrstrahl r_a. Ferner schließt p_t mit dem Fahrstrahl zum Beschleunigungspol J den Winkel α ein. Diese beiden Bedingungen werden nur von einem Kreis erfüllt, der durch P und J geht und dessen Mittelpunkt auf der Polbahnnormalen liegt. Bezeichnen wir den P gegenüberliegenden Punkt des Durchmessers mit W, so erkennen wir, daß jeder Punkt dieses

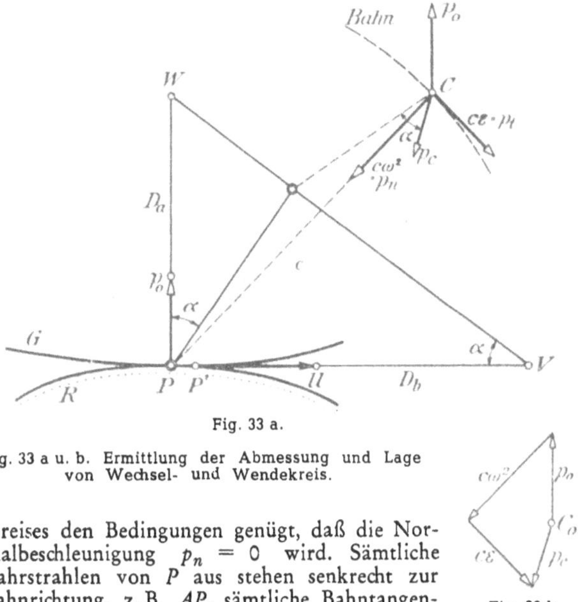

Fig. 33 a.

Fig. 33 a u. b. Ermittlung der Abmessung und Lage von Wechsel- und Wendekreis.

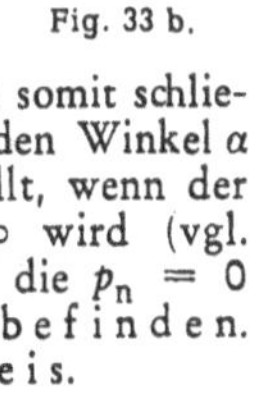

Fig. 33 b.

Kreises den Bedingungen genügt, daß die Normalbeschleunigung $p_n = 0$ wird. Sämtliche Fahrstrahlen von P aus stehen senkrecht zur Bahnrichtung, z. B. AP, sämtliche Bahntangenten schneiden sich in W. Ferner haben sämtliche Peripheriewinkel über der Sehne WJ die Größe α; somit schließen die Bahntangenten mit den Strahlen z. B. AJ den Winkel α ein. Die Bedingung $p_n = 0$ wird nur dann erfüllt, wenn der jeweilige Krümmungshalbmesser der Bahn $= \infty$ wird (vgl. Seite 25). Das besagt, daß sämtliche Punkte, für die $p_n = 0$ ist, sich auf Wendepunkten ihrer Bahn befinden. Man nennt deshalb den Kreis a den Wendekreis.

Der geometrische Ort für diejenigen Punkte, die keine Tangentialbeschleunigung $p_t = 0$ besitzen, ist ebenfalls ein Kreis b, und zwar müssen hier die Bahntangenten eines Punktes B durch den in der Polbahntangente liegenden Punkt V gehen, während die Fahrstrahlen von J und P aus den Winkel α einschließen müssen, da nur dann p_n in die Richtung der Bahnnormalen BP fällt. Aus der Beziehung

$$p_t = \frac{dv}{dt} = 0$$

folgt, daß die Geschwindigkeiten aller Punkte des Kreises b augenblicklich einen Maximal- oder Minimalwert haben. Da die Tangentialbeschleunigung in diesen Punkten ihr Vorzeichen wechselt, nennt man diesen Kreis den W e c h s e l k r e i s[1]).

Es ist zu erkennen, daß kein Punkt außerhalb oder innerhalb der W e c h s e l - oder W e n d e k r e i s e die an diese gestellten Bedingungen erfüllen, z. B. kann Punkt A' nicht die Bedingungen des Wendekreises erfüllen, da die Bahntangente P' nicht mit dem Schenkel $A'W'$ unter dem Winkel α zu $A'J$ geneigt zusammenfällt. Zur Ermittlung der Durchmesser des Wechsel- und des Wendekreises diene folgende Überlegung (Fig. 33):

Der Pol P habe die augenblickliche Winkelgeschwindigkeit ω und die Winkelbeschleunigung ε, während er den Weg $PP' = ds$ zurücklegt. Auf seiner Bahn besitzt der Pol die sogen. P o l w e c h s e l g e s c h w i n d i g k e i t

$$u = \frac{ds}{dt}.$$

In Richtung seiner Normalen hat dann der Pol die Geschwindigkeit $\Delta v = \omega ds$; seine Beschleunigung ist dann

$$p_0 = \frac{\Delta v}{dt} = \omega \cdot \frac{ds}{dt} = u \cdot \omega.$$

Ein beliebiger Punkt C mit der Entfernung c vom Pol P hat durch Drehung um den Pol die Normalbeschleunigung

$$p_n = c \cdot \omega^2$$

und die Tangentialbeschleunigung

1) Wendekreis und Wechselkreis werden auch vielfach unter dem Namen B r e s s e sche Kreise zusammengefaßt. S. Fußnote S. 43.

$$p_t = c \cdot \varepsilon,$$

dazu kommt die Beschleunigung des Poles p_0 selbst.

Vom Punkte W, der auf dem Wendekreis liegt und von P den Abstand D_a hat, wissen wir, daß er nur die Tangentialbeschleunigung $D_a \cdot \varepsilon$ haben kann, während sich die übrigen Beschleunigungen aufheben, d. h. es muß sein

$$D_a \cdot \omega^2 = u \cdot \omega = p_0;$$

daraus ergibt sich der Durchmesser D_a des Wendekreises zu

$$D_a = \frac{u}{\omega}.$$

Die in P an die Polbahnen gelegte Tangente schneidet den Wechselkreis im Punkte V. Da dieser Punkt nur eine Normalbeschleunigung haben kann, muß für ihn sein

$$D_b \cdot \varepsilon = u \cdot \omega = p_0$$

und wir erhalten den Durchmesser D_b des Wechselkreises

$$D_b = \frac{u \cdot \omega}{\varepsilon}.$$

Hieraus erhalten wir gleichzeitig, da Winkel $PVW = \alpha$, den Wert

$$\operatorname{tg} \alpha = \frac{D_a}{D_b} = \frac{\varepsilon}{\omega^2}$$

wie auf Seite 29 bereits ermittelt.

Ein beliebiger Punkt C besitzt die Beschleunigung

$$p_c = p_0 \mapsto p_n \mapsto p_t \qquad \text{(Fig. 33 b)}.$$

Merksätze: Alle Punkte der bewegten Ebene, die sich augenblicklich auf Wendepunkten ihrer Bahn befinden, also eine Normalbeschleunigung $p_n = 0$ haben (Fig. 37), liegen auf einem Kreis vom Durchmesser D_a, der die Polbahntangente im Pole P berührt. Die Polbahnnormale trifft den Wendekreis im Wendepole W.

Dagegen liegen alle Punkte des bewegten Systems, deren Geschwindigkeiten ein Maximum oder Minimum haben (Tangentialbeschleunigungen $p_t = 0$) auf dem Wechselkreis mit Durchmesser D_b, dessen Mittelpunkt auf der Polbahntangente liegt und der ebenfalls den Pol B und die Polbahnnormale berührt. Wende- und Wechselkreis erlauben die Normal- und Tangentialbeschleunigungen jedes Punktes in der bewegten Ebene auf einfache Weise zeichnerisch zu ermitteln.

e) Bestimmung des Krümmungsmittelpunktes einer Bahn nach Hartmann.

(Gegeben Pol, v_a und u)

Der Punkt A (Fig. 34) besitzt als Punkt der bewegten Ebene die Geschwindigkeit v_a auf seiner Bahnkurve a, deren augenblicklicher Krümmungshalbmesser $R = AM$ ist. Faßt man die Bewegung von A als eine Drehung um M mit der Winkelgeschwindigkeit ω_a auf, so ist $v_a = R \cdot \omega_a$ und umgekehrt $R = \frac{v_a}{\omega_a}$. Auf AM liegt auch der Momentanpol P, dessen Polwechselgeschwindigkeit u sich in zwei Komponenten $u_a \perp PM$ und $u_m \parallel PM$ zerlegen läßt. Da P während einer Elementarbewegung des Punktes A den Strahl AM nicht verlassen kann, so müssen die Endpunkte von v_a und u_a auf einem von M ausgehenden Strahl liegen. Damit ist eine einfache zeichnerische Konstruktion des Krümmungsmittelpunktes M gegeben. Ferner besteht die Beziehung

$$\frac{R}{PM} = \frac{v_a}{u_a},$$

d. h. die Verbindungslinie der Endpunkte von v_a und u_a geht durch den Krümmungsmittelpunkt M.

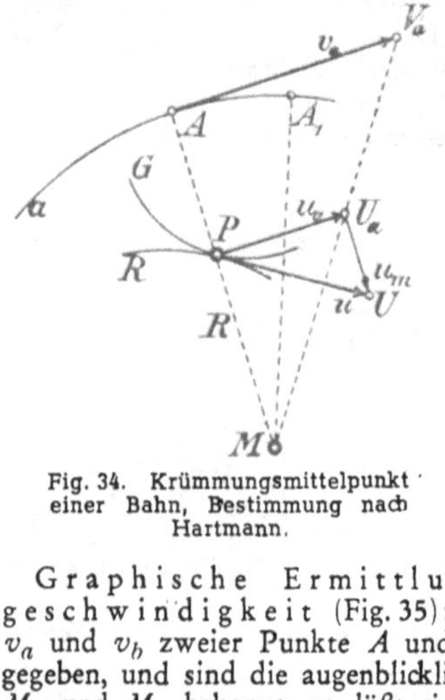

Fig. 34. Krümmungsmittelpunkt einer Bahn, Bestimmung nach Hartmann.

Graphische Ermittlung der Polwechselgeschwindigkeit (Fig. 35): Sind die Geschwindigkeiten v_a und v_b zweier Punkte A und B einer bewegten Ebene E_1 gegeben, und sind die augenblicklichen Krümmungsmittelpunkte M_a und M_b bekannt, so läßt sich die Wechselgeschwindigkeit des Poles P auf einfache Art ermitteln. Den Momentanpol P findet man als Schnittpunkt der Bahnnormalen AM_a und BM_b. Man zieht durch P die Parallelen zu v_a und v_b bis zu den Schnittpunkten mit den Strahlen durch M_a bzw. M_b; diese schneiden die Komponenten der Polwechselgeschwindigkeit u_a und u_b ab. Durch die Schnittpunkte zieht man Parallelen zu AM_a und BM_b. Diese schneiden sich in U. $PU = u$ ist die

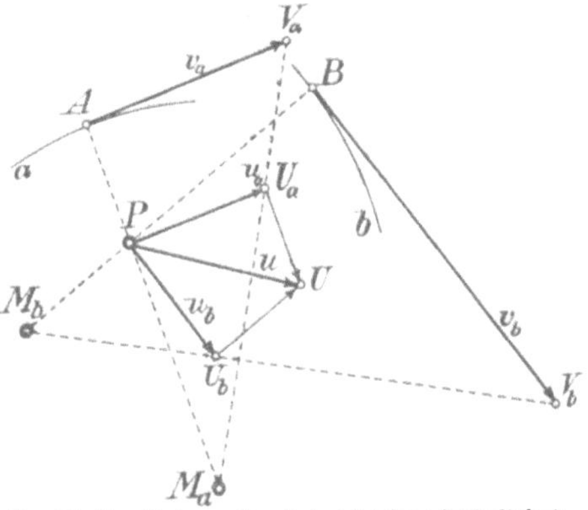

Fig. 35. Ermittelung der Polwechselgeschwindigkeit.

Polwechselgeschwindigkeit nach Größe und Richtung. *PU* ist gleichzeitig die Tangente an die Polkurven *R* und *G*, dazu senkrecht steht die Richtungslinie der Polbeschleunigung $p_0 = u \cdot \omega$.

f) Zusammenhang zwischen der Krümmung der Bahn und der Krümmung der Polbahnen[1]).

Von einem bewegten System sind die Polbahnen *G* und *R*, die sich im Punkte *P* berühren, gegeben. Das Abrollen der Polbahnen aufeinander kann für eine kleine Bewegung durch das Abrollen der beiden Krümmungskreise der Polbahnen *Kr* und *Kg* ersetzt werden (Fig. 36). Ist die Polwechselgeschwindigkeit *u*, die in Richtung der Polbahntangente fällt, bekannt, so ergibt sich die Geschwindigkeit v_m des Mittelpunktes *Mg* des Krümmungshalbmessers der Gangpolbahn zu

$$v_m = R \cdot \operatorname{tg} \vartheta = u \cdot \frac{R + R_0}{R_0}.$$

1) Beispiel zur Ermittlung eines Krümmungshalbmessers (vierpunktig berührend) aus der Polwechselgeschwindigkeit an einem Kurbelrastgetriebe. Siehe R. Kraus, Schrifttum 30, S. 45. Weiterhin K. H. Sieker: Ermittlung von Gelenkvierecken aus den Krümmungshalbmessern der Polbahnen und deren Änderungen. (Die Technik, Bd. 3, 1948 S. 170—174).

Die Geschwindigkeit eines Bahnpunktes A mit dem Abstand $AP = \varrho$ ist $v_a = \varrho \cdot \operatorname{tg} \vartheta$. Ferner gilt, wie im Abschnitt II e dargelegt, die Beziehung

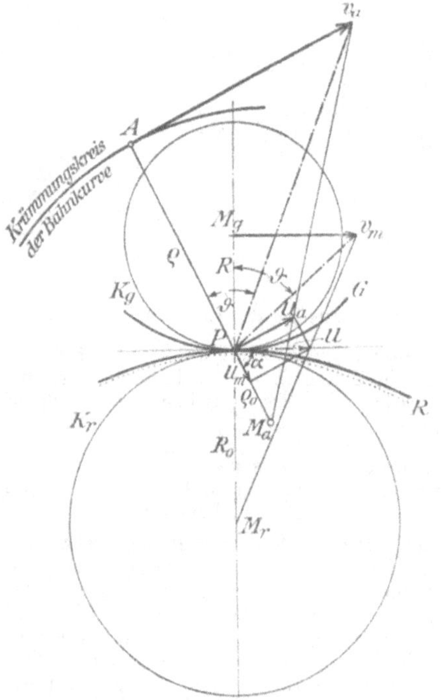

Fig. 36. Beziehungen zwischen Bahn- und Polbahn-Krümmung.

$$\boldsymbol{v_a} = u_a \cdot \frac{\varrho + \varrho_0}{\varrho} = \varrho \cdot \operatorname{tg} \vartheta$$

wobei $\varrho + \varrho_0 = AM_a =$ Krümmungshalbmesser der Bahnkurve. Zwischen u und u_a besteht die Beziehung

$$u_a = u \cdot \sin \alpha.$$

Aus den obigen drei Gleichungen können wir die Geschwindigkeiten eliminieren und erhalten

$$(17) \qquad \left(\frac{1}{\varrho_0} + \frac{1}{\varrho}\right) \cdot \sin\alpha = \frac{1}{R_0} + \frac{1}{R}$$

die sogenannte Euler-Savarysche Formel. Sie gestattet, bei gegebenen Rollbahnen die Krümmung der Bahnkurven zu ermitteln. Für diejenigen Punkte der Bahn, für die der Krümmungskreis im Unendlichen liegt, also $\frac{1}{\varrho_0} = 0$, ergibt sich $\varrho = \frac{R \cdot R_0}{R+R_0} \cdot \sin\alpha$; setzt man $D_a = \frac{R \cdot R_0}{R+R_0}$, so wird

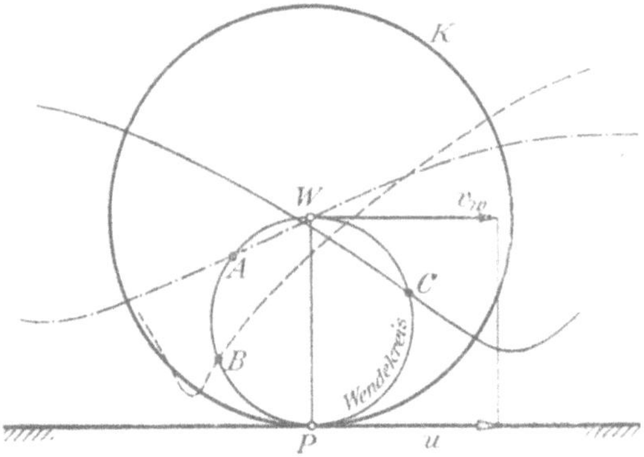

Fig. 37. Abrollen eines Rades (Siehe auch Fig. 32) Wendekreis.

$\varrho = D_a \sin\alpha$. Der geometrische Ort für alle Punkte, die dieser Bedingung genügen, ist ein Kreis mit Halbmesser $\frac{D_a}{2}$, und zwar der in Abschnitt II d ermittelte Wendekreis, der geometrische Ort für alle Bahnpunkte, bei denen die Krümmung wechselt.

Beispiel I: Ein Kreis mit Halbmesser R rollt auf einer Geraden (rollendes Rad) (Fig. 37), Kreis und Gerade bilden gleichzeitig die Polbahnen der Bewegung, die Krümmungskreise sind R und $R_0 = \infty$. Die in der Kreisebene liegenden Punkte A, B, C beschreiben Zykloiden. Der Wendekreis hat den Durchmesser $D_a = R$, es ist also ein Kreis vom halben

Durchmesser. Er schneidet, wie man in Fig. 37 deutlich erkennt, die Bahnkurven in ihren Wendepunkten. Die Polwechselgeschwindigkeit u ist gleich der Geschwindigkeit des Wendepoles W.

Beispiel II: W e n d e k r e i s b e i m G e l e n k v i e r e c k. Die Bahn der Koppelpunkte A und B sind Kreise um die Drehpunkte 1 und 2 (Fig. 38). Der Pol der Koppelbewegung findet sich als Schnittpunkt der Verlängerungen $\overline{1A}$ und $\overline{1B}$.

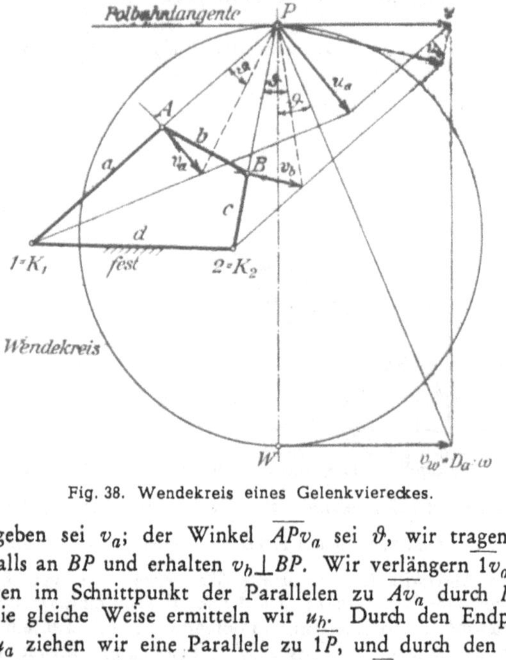

Fig. 38. Wendekreis eines Gelenkviereckes.

Gegeben sei v_a; der Winkel $\overline{APv_a}$ sei ϑ, wir tragen ihn ebenfalls an BP und erhalten $v_b \perp BP$. Wir verlängern $\overline{1v_a}$ und erhalten im Schnittpunkt der Parallelen zu $\overline{Av_a}$ durch P u_a; auf die gleiche Weise ermitteln wir u_b. Durch den Endpunkt von u_a ziehen wir eine Parallele zu $\overline{1P}$, und durch den Endpunkt von u_b ziehen wir eine Parallele zu $\overline{2P}$, diese schneiden sich im Endpunkt von $u = uP$. u liegt in Richtung der Polbahntangente, wir errichten in P das Lot auf u und haben so die Polbahnnormale. An diese tragen wir den Winkel ϑ an und ziehen eine Parallele zur Normalen durch den Endpunkt von u, durch den Schnittpunkt ziehen wir eine Parallele zu u und erhalten Punkt W. $\overline{PW} = D_n$, gleich dem Durchmesser des Wendekreises.

III. Ebene Bewegung dreier Ebenen.

a) Allgemeines.

Drei Ebenen E_1, E_2, E_3 bewegen sich nach beliebigem Gesetz gegeneinander. Wenn wir uns als Beobachter auf eine dieser Ebenen stellen und alle Bewegungen mitmachen, so erscheint uns die Ebene, auf der wir gerade stehen, als feststehend und wir würden nur eine Bewegung der beiden anderen Ebenen beobachten.

Diese Bewegungen werden als Relativbewegungen bezeichnet, während die Absolutbewegung nur von einer ruhenden vierten Ebene aus zu beobachten wäre.

Wir wollen jedoch hier nur die Relativbewegung untersuchen und denken uns deshalb eine der drei Ebenen als fest. Wir wählen die Ebene E_1 als „feste Ebene" und denken sie mit der Papierebene zusammenfallend, während die Ebenen E_2 und E_3 bestimmte Bewegungen ausführen können[1]).

Denkt man sich während der Bewegung einen Punkt durch einen plötzlichen Nadelstich auf allen drei Ebenen markiert, so sollen die drei übereinanderliegenden Punkte je nach der Ebene, der sie angehören, die Buchstaben A_1, A_2, A_3 erhalten. Die Geschwindigkeiten dieser Punkte erhalten die Bezeichnungen v_{31}, v_{21} und v_{23}, die Beschleunigungen p_{31}, p_{21}, p_{23}. So bedeutet zum Beispiel v_{31} die Geschwindigkeit, die ein Punkt A_3 der Ebene E_3 gegenüber der Ebene E_1 hat. Umgekehrt würde die Geschwindigkeit des Punktes A_1 (Punkt der Ebene E_1) gegen die

1) Es dürfte vorteilhaft sein, die folgenden Darstellungen auf einem festen Zeichenblatt und zwei durchsichtigen Zeichenblättern E_2 und E_3 beispielsweise aus Zellophan zu übertragen.

Ebene E_3 mit v_{13} zu bezeichnen sein, da dieser Punkt sich dann in entgegengesetzter Richtung bewegt

$$v_{31} = - v_{13}.$$

b) Zwei Schiebungen gegen die feste Ebene.

Wir nehmen an, daß sowohl die Ebene E_2 als auch die Ebene E_3 gegen die feste Ebene E_1 eine Schiebung in beliebiger Richtung ausführt (Fig. 39).

Die Ebene E_3 führt eine Schiebung mit der Geschwindigkeit v_{32} gegen E_2, und E_2 führt eine Schiebung mit der

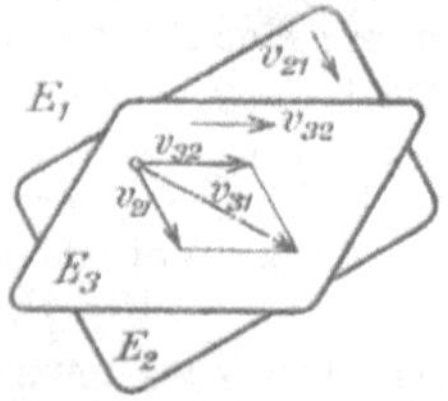

Fig. 39. Schiebungen zweier Ebenen.

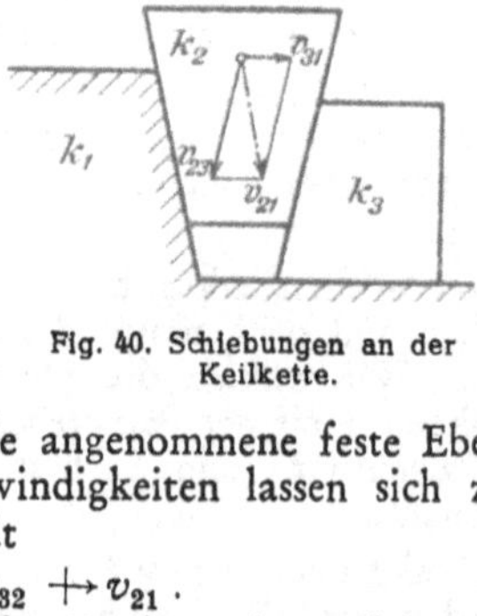

Fig. 40. Schiebungen an der Keilkette.

Geschwindigkeit v_{21} gegen die angenommene feste Ebene E_1 aus. Diese beiden Geschwindigkeiten lassen sich zusammensetzen und man erhält

$$v_{31} = v_{32} \leftrightarrow v_{21} .$$

Da die Geschwindigkeiten jedes Punktes einer Ebene bei einer Schiebung nach Größe und Richtung die gleichen sind, so gilt die obige Beziehung für sämtliche Punkte der Ebene.

Als Beispiel diene die Keilkette (Fig. 40). Die Schiebungsrichtungen sind durch die Linien bestimmt, in denen sich die drei Keilflächen berühren. Ist die Schiebungsgeschwindigkeit von k_2 gegen k_1, nämlich v_{21} gegeben, so läßt diese sich in die Komponenten v_{23} und v_{31} zerlegen.

Allgemein kann man sagen: Kennt man die Bahn und das Bewegungsgesetz eines

Punktes in zwei Ebenen, so kann man durch geometrische Zusammensetzung die Wege, Geschwindigkeiten und Beschleunigungen dieses Punktes gegenüber der festen Ebene E_1 ermitteln.

c) Schiebung und Drehung um einen festen Punkt.

Die Ebene E_2 führt gegen die ruhende Ebene E_1 eine Schiebung mit der Geschwindigkeit v_s aus. Um einen Punkt S der Ebene E_2 dreht sich die Ebene E_3 mit der Winkelgeschwindigkeit ω (Fig. 41). Derartige Bewegungen kommen an Getrieben häufig vor, wenn eine Schiebung durch eine Drehbewegung und umgekehrt erzeugt werden soll. Beispiel: Bewegung des Kreuzkopfes und der Pleuelstange einer Geradschubkurbel (Fig. 64, S. 85).

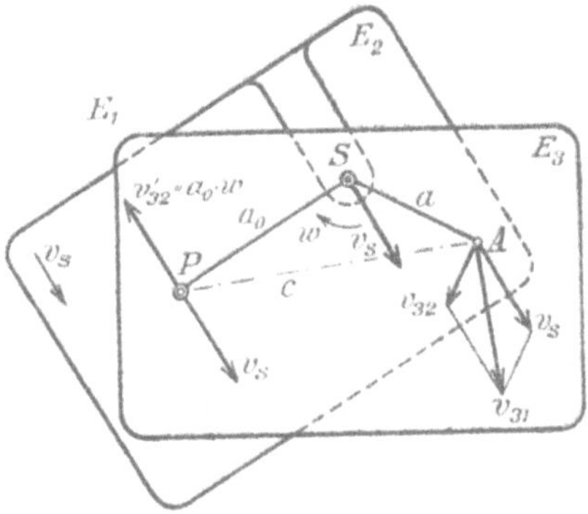

Fig. 41. Schiebung und Drehung um einen festen Punkt.

Ein beliebiger Punkt A_3 der Ebene E_3 im Abstand a vom Drehpunkt S hat gegen E_2 die Geschwindigkeit

$$v_{32} = a \cdot \omega.$$

Der sich augenblicklich mit A_3 deckende Punkt A_2 hat die Schiebungsgeschwindigkeit v_s der Ebene E_2. Die wirkliche Geschwindigkeit v_{31} des Punktes A_3 gegen die Ebene E_1 finden wir durch Zusammensetzen von v_{32} und v_s zu

$$v_{31} = v_{32} + v_s.$$

Wie bei anderen Bewegungsvorgängen, so ist auch hier anzunehmen, daß ein Punkt vorhanden ist, der augenblicklich die Geschwindigkeit = 0 hat, d. h. den Pol der Bewegung darstellt. Für diesen Punkt müßte $v_{31} = 0$ also $$v_{32} \leftrightarrow v_s = 0$$ werden; dies ist jedoch nur der Fall, wenn für ihn v_{32} und v_s von gleicher Größe und entgegengesetzt gerichtet sind. Für den Pol P, der den Abstand a_0 vom Drehpunkt S habe, gilt also

$$v'_{32} = -v_s;\ a_0 \cdot \omega = v_s;\ a_0 = \frac{v_s}{\omega}.$$

Ferner ergibt sich, daß a_0 senkrecht zu v_s steht, und zwar liegt P in der Richtung, in die v_s nach Drehung um 90° im Uhrzeigersinne fallen würde. Wir können also die Gesamtbewegung der beiden Ebenen E_2 und E_3 ersetzt denken durch eine Drehung um den festen Pol P. Dieser Pol behält nämlich im Gegensatz zu den Bewegungsvorgängen auf Seite 33 seine Lage auf der festen Ebene E_1 bei. Wir können uns nun denken, daß die Ebene E_3 sich um diesen Punkt P dreht. Dann hat z. B. der Punkt S als Punkt der Ebene E_3 die Drehgeschwindigkeit v_s, diese ist aber $= a_0 \cdot \omega$. Somit dreht sich S um P mit der Winkelgeschwindigkeit ω, d. h. mit der gleichen Winkelgeschwindigkeit, mit der sich E_3 um E_2 in S dreht.

Die Geschwindigkeit v_{31} des Punktes A_3, bezogen auf den Pol P, kann geschrieben werden $v_{31} = c \cdot \omega$, wobei c der Abstand A_3P. Der Nachweis ergibt sich aus der Beziehung (S. 56) und daraus, daß

$$c = a_0 \leftrightarrow a.$$

d) Drehung zweier Ebenen gegen eine dritte um feste Punkte.

Die Ebenen E_2 und E_3 drehen sich gegen die ruhende Ebene E_1 um die festen Punkte P_{21} und P_{31} mit den Winkelgeschwindigkeiten ω_{21} und ω_{31} (Fig. 42). Ein Punkt A mit den Abständen a_2 und a_3 von den Drehpunkten P_{21}

und P_{31} hat dann gegen E_1 die Geschwindigkeiten

$$v_{21} = a_2 \cdot \omega_{21}$$
$$v_{31} = a_3 \cdot \omega_{31}$$

je nachdem er als Punkt A_2 der Ebene E_2 oder als Punkt A_3 der Ebene E_3 angesehen wird. Auch die Richtungen von v_{21} und v_{31} sind hierdurch bestimmt, indem sie senkrecht zu den jeweiligen Polstrahlen stehen. Infolge der Relativbewegung von E_3 gegen E_2 hat A als Punkt A_3 gegen E_2 die Geschwindigkeit v_{32}. Es ist dann

$$v_{31} = v_{32} \mapsto v_{21}.$$

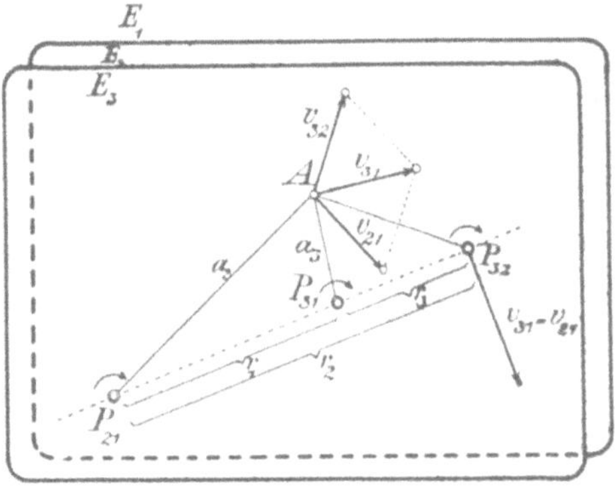

Fig. 42. Drehung zweier Ebenen gegen eine dritte.

Ließe sich ein Punkt finden, der als Punkt der Ebene E_3 gegen Ebene E_2 in relativer Ruhe wäre, so könnte man die Bewegung von E_3 gegen E_2 als eine Drehbewegung um diesen Punkt auffassen. Für diesen Punkt müßte sein

$$v_{32} = 0,$$
$$\text{also } v_{31} = \mapsto v_{21}.$$

Diese beiden Geschwindigkeiten können nur gleich gerichtet sein, wenn sich der gesuchte Punkt P_{32} auf der Verbindungslinie von P_{21} und P_{31} befindet. Hat P_{32} die Abstände r_2 bzw. r_3 von P_{21} und P_{31}, so sind die Geschwindigkeiten dieses Punktes

$$v_{21} = r_2 \cdot \omega_{21}$$
$$v_{31} = r_3 \cdot \omega_{31}.$$

Diese Geschwindigkeiten sind (nach S. 32) nur gleich, wenn

$$\frac{r_2}{r_3} = \frac{\omega_{31}}{\omega_{21}},$$

d. h. Punkt P_{32} teilt die Verbindungslinie der beiden Drehpunkte P_{21} und P_{31} im umgekehrten Verhältnis der Winkelgeschwindigkeiten. Diese Teilung findet außen statt, wenn ω_{21} und ω_{32} gleichen Drehsinn haben, innen dagegen, wenn beide Winkelgeschwindigkeiten in ungleichem Sinne drehen.

Diese Feststellung führt zu dem Satze, daß die Relativbewegung zweier sich gegen eine dritte Ebene drehender Ebenen wiederum eine Drehung ist. Der Drehpunkt liegt auf der Verbindungslinie der anderen Drehpunkte und teilt sie im umgekehrten Verhältnis der Winkelgeschwindigkeiten.

Folgende Beziehungen sind leicht rechnerisch oder graphisch zu ermitteln:

a) Gegeben r_1, ω_{21} und ω_{31} mit gleichem Drehsinn, gesucht r_2 und r_3 (Fig. 43)

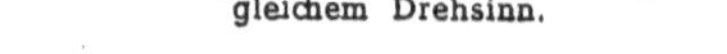

Fig. 43. Ermittelung von Winkelgeschwindigkeiten bei gleichem Drehsinn.

$$r_2 - r_3 = r_1 \qquad r_2 = r_1 \frac{\omega_{31}}{\omega_{31} - \omega_{21}}$$

$$\frac{r_2}{r_3} = \frac{\omega_{31}}{\omega_{21}} \qquad r_3 = r_1 \frac{\omega_{21}}{\omega_{31} - \omega_{21}}$$

b) Gegeben r_1, ω_{21} und ω_{31} haben entgegengesetzten Drehsinn, gesucht r_2 und r_3 (Fig. 44)

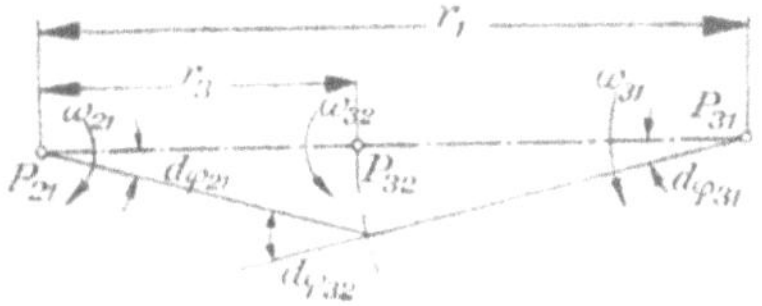

Fig. 44. Ermittelung von Winkelgeschwindigkeiten bei entgegengesetztem Drehsinn.

$$r_2 + r_3 = r_1 \qquad r_2 = r_1 \frac{\omega_{31}}{\omega_{31} + \omega_{21}}$$

$$\frac{r_2}{r_3} = \frac{\omega_{31}}{\omega_{21}} \qquad r_3 = r_1 \frac{\omega_{21}}{\omega_{31} + \omega_{21}}$$

c) Gesucht Winkelgeschwindigkeit ω_{32}.

Für P_{31} gilt

$$v_{31} = v_{32} + v_{21} = 0$$

$$v_{32} = - v_{21}$$

Im Falle a) sind

$$v_{32} = - r_3 \cdot \omega_{32}$$

$$v_{21} = r_1 \cdot \omega_{21}$$

also

$$r_3 \cdot \omega_{32} = r_1 \cdot \omega_{21}$$

$$\omega_{32} = r_1 \cdot \frac{\omega_{21}}{r_3} = \omega_{31} - \omega_{21}$$

(Fig. 43)

Graphisch liest man das gleiche Ergebnis aus Fig. 43 ab, nämlich $d\varphi_{32} = d\varphi_{31} - d\varphi_{21}$

dagegen im Fall b)

$$v_{32} = - r_3 \cdot \omega_{23}$$

$$v_{21} = r_1 \cdot \omega_{21}$$

also

$$r_3 \cdot \omega_{32} = r_1 \cdot \omega_{21}$$

$$\omega_{32} = \frac{r_1 \cdot \omega_{21}}{r_3} = \omega_{31} + \omega_{21} \quad \text{(Fig. 44)}$$

Graphisch liest man hier aus Fig. 44 ab

$$d\varphi_{32} = d\varphi_{31} + d\varphi_{21}.$$

Die Relativdrehung von E_3 gegen E_2 erfolgt also mit einer Winkelgeschwindigkeit im Falle a) gleich der Differenz, im Falle b) gleich der Summe der beiden anderen Winkelgeschwindigkeiten.

Diese Beziehungen werden zur Ermittlung der Geschwindigkeiten und Drehzahlen an Umlaufgetrieben benutzt (siehe Getriebelehre II).

c) Beliebige Bewegung dreier Ebenen.

Pole. Die drei Ebenen $E_1 E_2 E_3$ (Fig. 45) bewegen sich beliebig gegeneinander. E_1 ist wieder die feste Ebene. Man

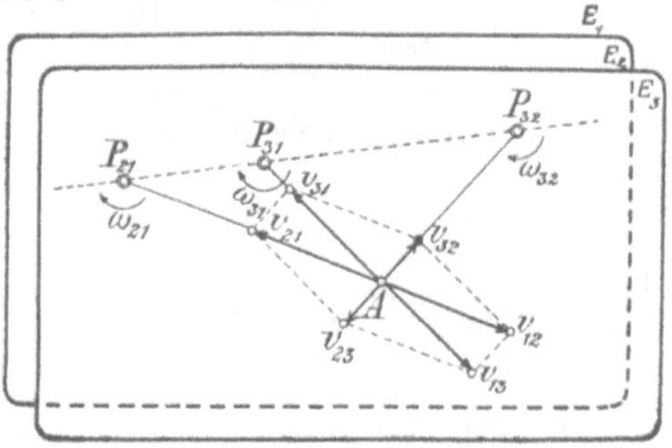

Fig. 45. Bei beliebiger Bewegung dreier Ebenen liegen die drei Pole in einer Geraden.

kann dann die augenblickliche Bewegung von E_2 gegen E_1 als Drehung um einen Momentanpol P_{21} ansehen und ebenso die Bewegung von E_3 gegen E_2 als Drehung um einen Momentanpol P_{32} auffassen. Nach den Beziehungen auf Seite 58 können diese Momentandrehungen zu einer resultierenden Drehung E_3 gegen E_1 um einen Drehpunkt P_{31} zusammengesetzt werden, der auf die Verbindungslinie $P_{21} P_{32}$ fällt.

Polsatz. Die drei Momentanpole von drei sich beliebig bewegenden Ebenen liegen stets auf einer Geraden.

Beispiel: Gelenkviereck (Fig. 46). Die 4 Glieder bilden die Ebenen 1 bis 4, jeder Gelenkpunkt bildet einen Pol, und zwar P_{12}, P_{23}, P_{34} und P_{14}; durch Verlängern der Stabrichtungen bis zum Schnittpunkt findet man die beiden restlichen Pole P_{13} und P_{24}. Je 3 der 6 Pole liegen auf einer Geraden.

Geschwindigkeiten. Die drei sich augenblicklich in Punkt A (Fig. 45) deckenden Punkte A_1, A_2, A_3 der drei Ebenen haben je nach der Ebene, der sie angehören und der Ebene, gegen die sie sich bewegen, die folgenden 6 verschiedenen Relativgeschwindigkeiten.

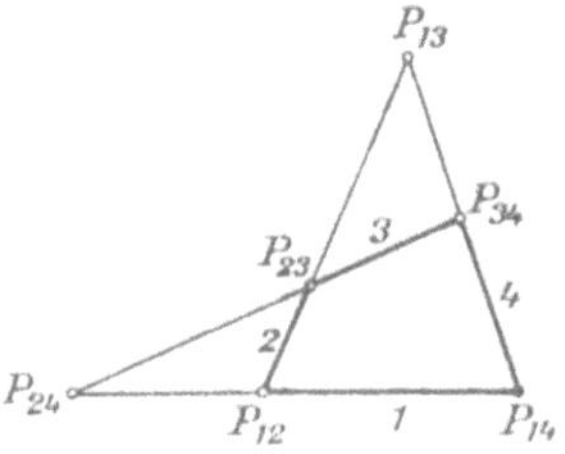

Fig. 46. Die sechs Pole eines Gelenkviereckes.

Punkt A_1

v_{12} gegen Ebene E_2
v_{13} gegen Ebene E_3

Punkt A_2

v_{21} gegen Ebene E_1
v_{23} gegen Ebene E_3

Punkt A_3

v_{31} gegen Ebene E_1
v_{32} gegen Ebene E_2.

Hierbei sind je zwei Geschwindigkeiten dem absoluten Werte nach gleich, aber entgegengesetzt gerichtet.

$$v_{12} = \rightarrow v_{21};\quad v_{23} = \rightarrow v_{32};\quad v_{31} = \rightarrow v_{13}.$$

Dem absoluten Werte nach gibt es also nur d r e i G e s c h w i n d i g k e i t e n.

Dreht man die Geschwindigkeiten im Uhrzeigersinn um 90° (s. Seite 39), so erhält man in Fig. 45 das Geschwindigkeitssechseck. Man erkennt, daß sich je zwei Geschwindigkeiten geometrisch zu der dritten zusammensetzen lassen. Es sind nämlich

$$v_{32} \nrightarrow v_{21} = v_{31} \qquad v_{12} \nrightarrow v_{23} = v_{13}$$
$$v_{21} \nrightarrow v_{13} = v_{23} \qquad v_{31} \nrightarrow v_{12} = v_{32}$$
$$v_{13} \nrightarrow v_{32} = v_{12} \qquad v_{23} \nrightarrow v_{31} = v_{21}\ .$$

Man erkennt eine besondere Gesetzmäßigkeit in der Reihenfolge der Indizes. Jede Geschwindigkeit ist durch zwei Ziffern gekennzeichnet, von denen die erste die Ebene angibt, der der Punkt angehört, die zweite die

Ebene, gegen die seine Geschwindigkeit zu ermitteln ist. Bei der Zusammensetzung von Geschwindigkeiten beachte man als Regel, daß sich nur Geschwindigkeiten verschiedener Ebenen zusammensetzen lassen, z. B. v_{32} und v_{21}, d. h. die Ziffern in der Mitte müssen gleich sein. Die resultierende Geschwindigkeit wird dann aus den beiden anderen Ziffern gebildet, im Beispiel also v_{31}. Wir erhalten so

$$v_{32} \mathbin{+\!\!\rightarrow} v_{21} = v_{31}$$

Kennt man die drei Pole der drei Ebenen, so kennt man für jeden Punkt A auch die Richtung seiner Polstrahlen und damit auch die Richtungen seiner gedrehten Geschwindigkeiten. Ist eine Geschwindigkeit dann der Größe nach gegeben, so läßt sich das Sechseck konstruieren und somit alle Geschwindigkeiten ermitteln.

Beschleunigungen. Die drei sich augenblicklich in A deckenden Punkte A_1, A_2, A_3 der drei Ebenen haben analog den Geschwindigkeiten die folgenden sechs Relativbeschleunigungen

Punkt A_1

p_{12} gegen Ebene E_2
p_{13} gegen Ebene E_3

Punkt A_2

p_{21} gegen Ebene E_1
p_{23} gegen Ebene E_3

Punkt A_3

p_{31} gegen Ebene E_1
p_{32} gegen Ebene E_2

wovon ebenfalls wieder je zwei einander dem absoluten Wert nach gleich sind.

$$p_{12} = \rightarrow p_{21}; \; p_{23} = \rightarrow p_{32}; \; p_{31} = \rightarrow p_{13}.$$

Im Gegensatz zu den Geschwindigkeiten ergeben aber diese 6 Beschleunigungen im allgemeinen nicht eine andere dieser Gruppe, sondern es gehört zu jedem Paar noch eine weitere Zusatzbeschleunigung, die nach ihrem Entdecker den Namen „Coriolis“-Beschleunigung trägt. Erst mit dieser Zusatzbeschleunigung geben die beiden ersten eine andere der 6 oben angegebenen Beschleunigungen.

f) Coriolis-Beschleunigung

An Stelle einer strengen Ableitung sei die anschauliche Ableitung von R. Beyer benutzt (Fig. 47). Punkt A wird während eines unendlich kleinen Zeitabschnittes auf der Übertragbahn $f = AA'$ der Ebene E_2 geführt. Gleichzeitig führt er eine Bewegung auf der Ebene E_3 aus (Relativbahn r). Aus der Bewegung der Übertragbahn f und der auf der Relativbahn r setzt sich die absolute Bewegung zusammen. Für die Geschwindigkeit gilt

$$v_a = v_f \mathrel{+\!\!\!\to} v_r$$

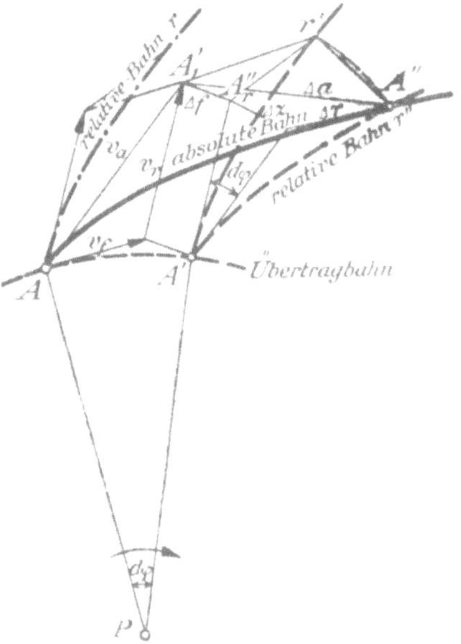

Fig. 47. Ermittelung der Coriolis-Beschleunigung (Nach R. Beyer).

Würde der Punkt A seine Anfangsgeschwindigkeit beibehalten, so käme er nach Punkt A'_1, in Wirklichkeit gelangt er nach A'', indem er die Wegabweichung Δa ausführt. Diese Wegabweichung läßt sich in Komponenten zerlegen, die Abweichung Δf infolge Bewegung auf der Übertragbahn, die Abweichung Δr hervorgerufen durch Verschiebung der Relativbahn von Lage r nach Lage r'. Hinzu kommt ein

Bogenelement $\varDelta z$, durch Drehung der Relativbahn in die Lage r'', hervorgerufen durch Drehen der Ebene E_2 um P mit dem Winkel $d\varphi$

$$\varDelta z = A' A''_r \cdot d\varphi .$$

$A' A''_r$ ist gleich dem in der Zeit dt zurückgelegten Weg auf der Relativbahn, also

$$\varDelta z = v_r \cdot dt \cdot d\varphi \qquad da\ \omega = \frac{d\varphi}{dt};$$

$$\varDelta z = v_r \cdot \omega \cdot (dt)^2$$

$$\varDelta a = \varDelta f \mathbin{+\!\!\!\!\to} \varDelta r \mathbin{+\!\!\!\!\to} \varDelta z .$$

Die kleinen Wegelemente werden in der Zeit dt beschleunigt zurückgelegt; sieht man diese Bewegung unter Vernachlässigung von Differentialen höherer Ordnung als gleichförmig beschleunigt an (siehe Seite 14), so ermittelt sich die Beschleunigung p zu

$$p = \frac{2s}{t^2} = \frac{2\varDelta}{(dt)^2}$$

und die Coriolis-Beschleunigung

$$p_z = \frac{2\varDelta z}{(dt)^2} = 2v_r \cdot \omega, \text{ sie steht } \perp \text{ zu } v_r. \tag{18}$$

Setzt man an Stelle der Wegelemente die Beschleunigungen, so kann man diese ebenfalls zusammensetzen

$$p_a = p_f \mathbin{+\!\!\!\!\to} p_r \mathbin{+\!\!\!\!\to} p_z . \qquad \text{(Fig. 48)[1]} \tag{19}$$

p_f = Übertragungsbeschleunigung (aus Rotationsbeschleunigung) des Punktes A_2 gegen die feste Ebene E_1

p_r = Relativbeschleunigung von A_3 gegen E_2

p_z = $2\,v_r\omega$ Coriolisbeschleunigung

$$\begin{array}{cccccccccc} p_a = & p_{tr} & \mathbin{+\!\!\!\!\to} & p_{nr} & \mathbin{+\!\!\!\!\to} & p_{tf} & \mathbin{+\!\!\!\!\to} & p_{nf} & \mathbin{+\!\!\!\!\to} & p_z \\ & \parallel v_r & & \perp v_r & & \parallel v_f & & \perp v_f & & \perp v_r \end{array}$$

$$p_{tf} = \varepsilon \cdot r \qquad p_{nf} = \omega^2 \cdot r \qquad p_z = 2v_r \cdot \omega .$$

Wird die Bahn A_1 geradlinig, d. h. der Drehpunkt der Ebenen E_2 und E_3 liegt unendlich fern, dann wird ω unendlich klein und $p_z = 0$.

---

1) Die Beschleunigungen sind hier noch jeweils in ihre Tangential- und Normalkomponenten zerlegt.

Da der Anfänger gewöhnlich Schwierigkeiten hat, sich die Bedeutung der Coriolis-Beschleunigung vorzustellen, sei auf die elementare Ableitung nach A. Bloch (Engineering Bd. 155, 1943 S. 243) aufmerksam gemacht. Auf einem Karussell, das mit der Winkelgeschwindigkeit ω umläuft, bewegt sich ein Kind auf dem Halbmesser r mit der Geschwindigkeit v_f im Kreise. Die absolute Geschwindigkeit

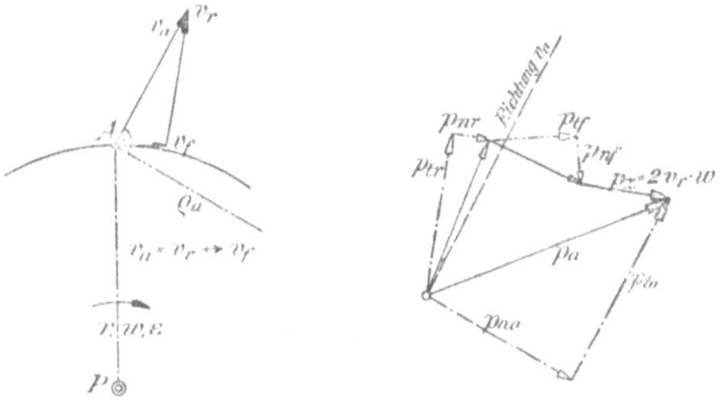

Fig. 48 a. Fig. 48 b.

Fig. 48 a u. b. Größe und Lage der Geschwindigkeiten und Beschleunigungen bei Bewegung auf einem bewegten System (Coriolisbeschleunigung).

ist $v_a = v_f + v_r$. Die Relativ-Normalbeschleunigung ist $p_r = \frac{v_r^2}{r}$; die Normalbeschleunigung des Systems ist $p_f = \frac{v_f^2}{r}$ und die absolute Beschleunigung des Gesamtsystems ist

$$p_a = \frac{(v_a)^2}{r} = \frac{(v_f + v_r)^2}{r} = \frac{v_f^2}{r} + \frac{v_r^2}{r} + \frac{2v_f \cdot v_r}{r} =$$

$$= p_f + pr + p_z$$

mit p_z = Coriolis-Beschleunigung = $2v_r\omega$. Ähnliche Überlegungen lassen sich anstellen, wenn sich das Kind in radialer Richtung bewegt. Bekannte Beispiele der

Coriolisbeschleunigung sind freier Fall auf der Erde; auf der nördlichen Halbkugel ergibt sich eine östliche Ablenkung. Bewegungen an der Flanke von umlaufenden Kurvenscheiben (R. Kraus, Schrifttum 30, S. 42).

IV. Geschwindigkeiten und Beschleunigungen von Kurbelgetrieben.

a) Allgemeines.

Die in den Abschnitten I—III entwickelten Sätze über die Geschwindigkeiten und Beschleunigungen finden Anwendung bei der Untersuchung von Gelenkvierecken und der davon abgeleiteten Getriebe.

Zur getrieblichen Untersuchung von Getrieben mit umlaufender Antriebskurbel empfiehlt es sich im allgemeinen den Kurbelkreis in wenigstens 12 (Zirkelkonstruktion mit r = Sehnenlänge) oder 16 gleiche Teile zu teilen. Die Untersuchung von weniger Punkten empfiehlt sich nicht. Die Kurbelpunkte sind zu numerieren und diese Nummern für die Stellungen der anderen Glieder beizubehalten, um Verwechslungen zu vermeiden. Am besten ist jeder Getriebestellung eine andere Farbe (farbiger Tintenstift) beizuordnen, oder einige wenige Grundfarben regelmäßig nach einer bestimmten Zahl zu wiederholen. Neben diesen 12 oder 16 Grundstellungen empfiehlt sich auch, das Getriebe in Sonderstellungen zu untersuchen, wie Strecklagen, Umkehrstellungen, Stellen von Geschwindigkeits- und Beschleunigungsmaxima und -minima. Die Ergebnisse sind in Schaubildern mit s oder t als Abszissen einzutragen (siehe Fig. 56). Im folgenden können in vielen Fällen nur die Geschwindigkeiten und Beschleunigungen für eine bestimmte Getriebestellung gegeben werden.

b) Gelenkviereck.

(Bogenschubkurbel, Doppelkurbel, Doppelschwinge).

Geschwindigkeiten. Ermittlung der Geschwindigkeiten (Fig. 49) für eine bestimmte Lage des Getriebes: Antrieb durch Kurbel *a* mit gleichbleibender Winkelgeschwindigkeit ω_a. Die Geschwindigkeit v_2 des Punktes 2 steht senkrecht zur Kurbel *a*, ebenso v_3 senkrecht zur Schwinge *c*. Der Momentanpol *P* ergibt sich als Schnittpunkt der Verlängerung von *a* und *c*. Die gedrehten Geschwindigkeiten $\bar{v}_2$ und $\bar{v}_3$ fallen in die Richtung der Stangen *a* und *c*. Zieht man durch den Endpunkt von $\bar{v}_2$ eine Parallele zur Koppelstange *b*, so schneidet diese auf *b* $\bar{v}_3$ ab. In Fig. 49 ist sowohl das Dreieck der gedrehten als auch der wirklichen Geschwindigkeiten eingetragen. v_{32} ist die geometrische Differenz der Geschwindigkeiten v_2 und v_3, sie ist für die Beschleunigungsermittlung wichtig.

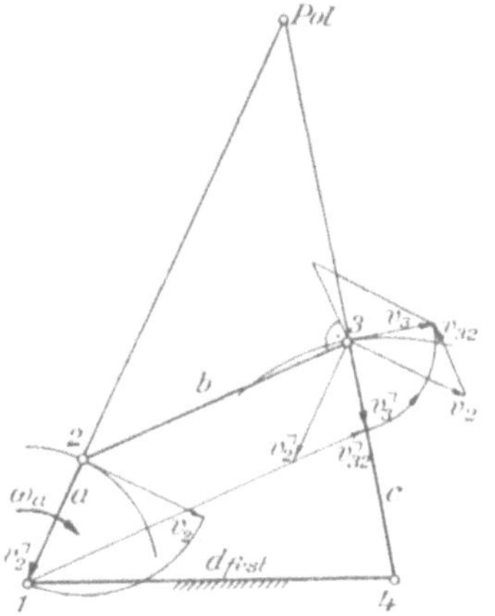

Fig. 49. Geschwindigkeiten der Schwinge am Gelenkviereck.

Mittels der gedrehten Geschwindigkeiten lassen sich ebenfalls die Geschwindigkeiten von Punkten der Koppelebene[1]) bzw. von Punkten der Koppelgeraden ermitteln (Fig. 50). Die Geschwindigkeit v_6 des Punktes 6 der Koppelgeraden $\overline{23}$ ermittelt man durch Einzeichnen der Verbindungslinie $\overline{13}$, Ziehen einer Parallele zu *a* durch 6, und einer weiteren Parallele zu *c* durch den Schnittpunkt mit $\overline{13}$. Diese schneidet sich im Endpunkt von $\bar{v}_6$ mit der

1) Die Geschwindigkeit beliebiger Punkte der Kurbel- oder Schwingebene kann graphisch nur mit den wirklichen Geschwindigkeiten (s. S. 27) ermittelt werden.

Parallelen zur Koppelgeraden. Für Punkte außerhalb der Koppelgeraden, z. B. 8, zieht man durch die Endpunkte der gedrehten Geschwindigkeiten $\bar{v}_2$ und $\bar{v}_3$ Parallelen zu $\overline{28}$ bzw. $\overline{38}$. Der Schnittpunkt ergibt v_8, die gedrehte Geschwindigkeit des Punktes 8. Diese Konstruktionen gelten für den allgemeinen Fall, daß der Pol außerhalb der Zeichenebene liegt. Ist dies nicht der Fall, dann erfolgt die Ermittlung der Geschwindigkeiten einfacher und genauer durch Ziehen eines Polstrahles, z.B. $\overline{P8}$ und einer Parallelen durch den Endpunkt von $\bar{v}_2$ zu $\overline{28}$.

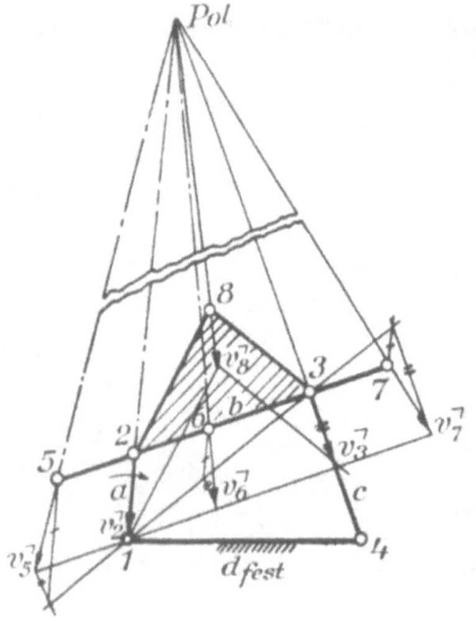

Fig. 50. Ermittelung von Koppelgeschwindigkeiten am Gelenkviereck.

Bei gleichbleibender Antriebsgeschwindigkeit ω_a = konst; $\varepsilon_a = 0$ ist es zweckmäßig, die Größe des Geschwindigkeitsvektors $v_2 = a \cdot \omega_a$ so zu wählen, daß der Endpunkt der gedrehten Geschwindigkeit $\bar{v}_2$ in den Punkt 1 fällt. Die wirkliche Größe der Geschwindigkeit in *m/s* erhält man, wenn man die in Metern gemessene Strecke mit 0,1047 *n* oder $\frac{\pi \cdot n}{30}$ multipliziert. Ist das Getriebe im Maßstab 1 : a gezeichnet, so muß die betreffende Geschwindigkeit noch mit a multipliziert werden.

Ermittelt man die Geschwindigkeiten des Gelenkpunktes v_3 für ein volles Bewegungsspiel der Kurbel a, so erhält man das Geschwindigkeitsschaubild (Fig. 55).

Beispiel: Das Getriebe (Fig. 49) ist im Maßstab 1 : 5 gezeichnet, die Kurbeldrehzahl sei

$$n = 240 \text{ U/min}; \; v_2 = a = 0{,}0125 \text{ m}, \; v_3 = 0{,}0085 \text{ m},$$

dann sind die wirklichen Geschwindigkeiten

$$v_2 = \frac{0{,}0125 \cdot \pi \cdot 240 \cdot 5}{30} = 1{,}57 \text{ m/s}$$

$$v_3 = \frac{0{,}0085 \cdot \pi \cdot 240 \cdot 5}{30} = 1{,}07 \text{ m/s}.$$

Beschleunigungen. Gegeben ist eine beliebige Stellung des Gelenkvierecks 1234 (Fig. 51); die Kurbel a laufe mit der gegebenen Winkelgeschwindigkeit ω_a um. Die Beschleunigung $p_2 = p_{n2} \leftrightarrow p_{t2}$ des Punktes 2 ist dann nach Größe und Richtung bestimmt durch seine Normalbeschleunigung $p_{n2} = \frac{v_2^2}{a} = a \cdot \omega_a^2$ und $p_{t2} = a \cdot \varepsilon_a$, beide Größen können zeichnerisch oder rechnerisch gefunden werden. Zur Ermittlung der Beschleunigung p_3 des Punktes 3 müssen wir uns überlegen, daß die Bewegung dieses Punktes durch eine Verschiebebewegung der Koppelstange b und eine Drehung der Schwinge c hervorgerufen wird. Die Beschleunigung p_3 ergibt sich als Resultierende aus der Beschleunigung p_{32} der Koppelstange und der Beschleunigung p_2 des Punktes 2: $p_3 = p_2 \leftrightarrow p_{32}$. Während p_2 (siehe oben) nach Größe und Richtung bekannt ist, kennen wir von p_{32} nur die Normalkomponente p_{n32} aus der Beziehung $p_{n32} = \frac{v_3^2}{b}$, ferner können wir die Normalkomponente $pn_3 = \frac{v_3^2}{c}$ ermitteln. Hierdurch erhalten wir zwei geometrische Orte für den Endpunkt von p_3, nämlich eine Gerade $\overline{RR}$, senkrecht zu $\overline{23}$ im Abstand ($p_{n32} \pm$ Komponente von p_2 auf $\overline{23}$) vom Punkt

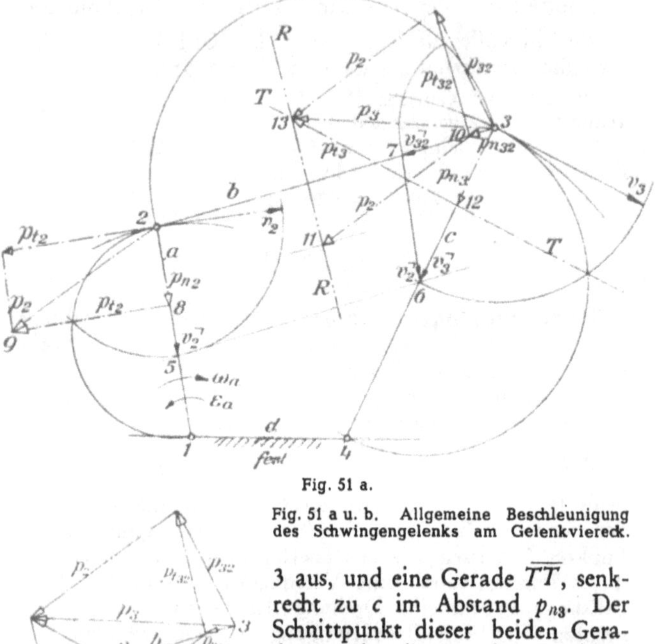

Fig. 51 a.

Fig. 51 b.

Fig. 51 a u. b. Allgemeine Beschleunigung des Schwingengelenks am Gelenkviereck.

3 aus, und eine Gerade $\overline{TT}$, senkrecht zu c im Abstand p_{n3}. Der Schnittpunkt dieser beiden Geraden ergibt die gesuchte Beschleunigung p_3.

Im folgenden sei die Ermittlung im einzelnen beschrieben. In Punkt 2 trägt man nach Größe und Richtung $v_2 = a \cdot \omega_a \perp \overline{21}$ und $p_{t2} = a \cdot \varepsilon_a \perp \overline{21}$ an; v_2 dreht man in Richtung des Uhrzeigersinnes in Richtung $\overline{21}$, zieht durch den Endpunkt 5 von $\overset{\neg}{v_2}$ eine Parallele zu $\overline{23}$, die auf $\overline{34}$ die Geschwindigkeit $\overset{\neg}{v_3}$ ausschneidet (6), gleichzeitig zieht man eine Parallele durch 6 zu $\overline{12}$, diese schneidet auf $\overline{23}$ die Geschwindigkeit $\vec{v}_{32}$ (7) aus.

Auf $\overline{12}$ ermittelt man graphisch p_{n2}, indem man den Halbkreis über $\overline{12}$ zum Schnitt bringt mit dem Kreisbogen v_2 um 2, die Senkrechte zu $\overline{12}$ ergibt $p_{n2}(8)$, p_{t2} +→ p_{n2} ergeben zusammen p_2 (9). Durch Schlagen des Halbkreises über $\overline{23}$, Schneiden mit dem Kreisbogen $\vec{v}_{32}$ um 3, Ziehen der Senkrechten zu $\overline{23}$ finden wir $p_{n32} = \frac{v^2_{32}}{b}(10)$, durch 10 ziehen wir eine Parallele zu $p_2 = \overline{29}$ und machen $\overline{10\ 11} = p_2$. Das Lot durch 11 zu $\overline{23}$ ergibt als geometrischen Ort für p_3 die Gerade $\overline{RR}$. (Man kann auch vom Punkt 10 aus eine Komponente der Beschleunigung p_2 in Richtung $\overline{23}$ aus abtragen und im Endpunkt das Lot errichten). Die Gerade $\overline{TT}$ finden wir durch Schlagen des Halbkreises über $\overline{34}$, Schneiden mit einem Kreisbogen v_3 um 3, als Senkrechte zu $\overline{34}$ durch den Schnittpunkt. Der Schnittpunkt der Geraden $\overline{RR}$ und $\overline{TT}$ ergibt den gesuchten Endpunkt (13) der Beschleunigung p_3. Fig. 51 b zeigt die Zusammensetzung der Beschleunigung p_3.

Ein wichtiger Sonderfall ist der, daß sich die Kurbel a mit gleichförmiger Geschwindigkeit dreht, d. h. $\omega_a =$ konst. (Fig. 52). Die Winkelbeschleunigung ε_a wird dann 0; kein Punkt der Kurbel a, z. B. auch 2, hat eine Tangentialbeschleunigung, die Normalbeschleunigung des Punktes 2 ist $p_2 = p_{n2} = \frac{v^2_2}{a}$ und fällt in die Gerade $\overline{21}$. Für diesen Sonderfall empfiehlt es sich, den Geschwindigkeitsmaßstab so zu wählen, daß $v_2 = a$ wird, dann wird auch $p_2 = a$, d. h. sowohl die Spitzen von $\vec{v}_2$ als auch von p_2 fallen nach 1. Man ermittelt, wie bereits in Fig. 49 ausgeführt, die Geschwindigkeit $\overline{v}_3$ und $\vec{v}_{32}$ (4) und bildet

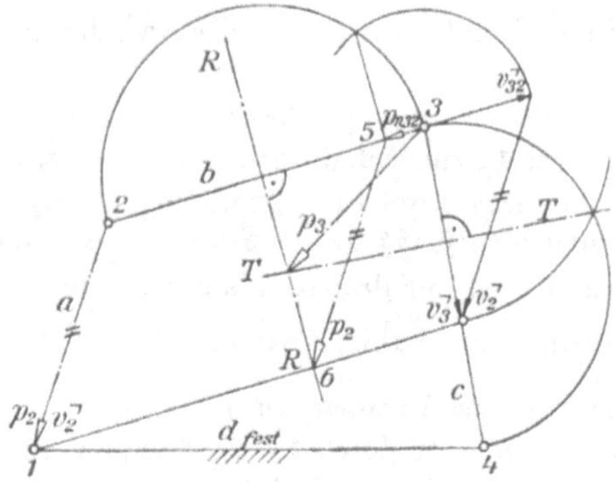

Fig. 52 a.

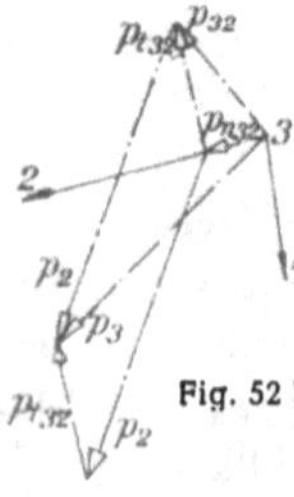

Fig. 52 b.

Fig. 52 a u. b. Beschleunigung des Schwingengelenkes am Gelenkviereck bei gleichförmiger Kurbeldrehzahl.

hieraus nach Hilfskonstruktion (Halbkreis über 32, Kreisbogen mit v_{32}, Lot auf $\overline{23}$)[1])

$$p_{n32} = \frac{v^2_{32}}{b} = \overline{35}.$$

Durch 5 ziehen wir die Parallele zu a, die sich mit der Parallelen zu $\overline{23}$ durch 1 in 6 schneidet. Die Senkrechte zu 23 durch 6 ergibt die Gerade $\overline{RR}$. Die Gerade $\overline{TT}$ finden wir in gleicher Weise wie oben durch Schlagen des Halbkreises über 34, Schneiden mit dem Kreisbogen v_3 um 3, als Senkrechte zu $\overline{34}$ durch den Schnittpunkt. $\overline{RR}$ und $\overline{TT}$ schneiden sich im Endpunkt von p_3.

[1]) Man spart bei der Ermittlung einige Hilfslinien, wenn man die Konstruktion von $p_{n_{32}}$ anstatt auf der Koppelgeraden $\overline{23}$ auszuführen, auf die Parallele hierzu durch die Endpunkte von $\vec{v_2}$ und $\vec{v_3}$ verlegt; (nach Getriebeblatt AWF 603), die vorliegende Konstruktion ist jedoch etwas leichter verständlich.

Beschleunigungen in den Umkehrstellungen. In den Umkehrstellungen von Getrieben ist die Ermittlung der Beschleunigungen von größter Bedeutung (Fig. 53). Hier

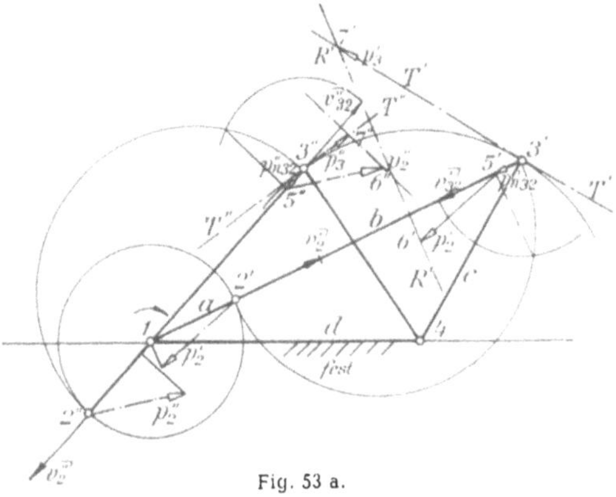

Fig. 53 a.

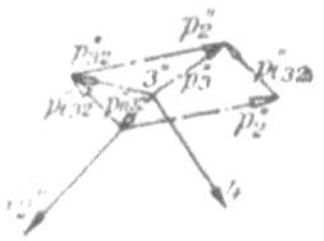

Fig. 53 b.

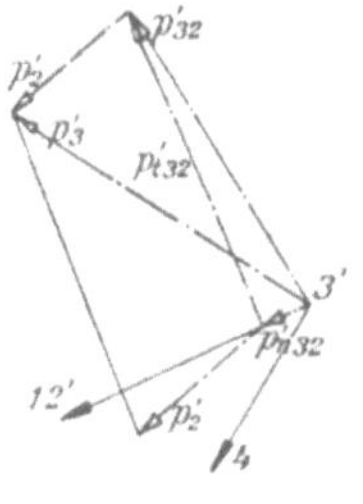

Fig. 53 c.

Fig. 53 a—c. Beschleunigungen in den Umkehrstellungen des Gelenkviereckes.

wird die Geschwindigkeit $v_3 = 0$, somit wird $p_{n_3} = 0$, es kann also nur eine Tangentialbeschleunigung auftreten. Da die Glieder a und b eine Strecklage bilden, wird die Relativgeschwindigkeit $\bar{v}_{32} = -\bar{v}_2$. Wir finden z. B. für den Totpunkt 2′ $p'_{n_{32}}$ durch Schlagen des Halbkreises über $b = \overline{23}$ und Kreisbogen mit $v_2 = v_{32}$ um 3′, die

Senkrechte zum Schnittpunkt schneidet auf $2'\,3'$ den Endpunkt $5'$ der Beschleunigung p'_{n32} aus.

An diesem Endpunkt tragen wir nach Größe und Richtung p_3' an ($6'$). Das Lot ($R'R'$) von $6'$ auf $\overline{2'\,3'}$ schneidet auf TT ($\perp$ zu $3'\,4$) die gesuchte Beschleunigung $p'_3 = \overline{3'\,7'}$ aus.

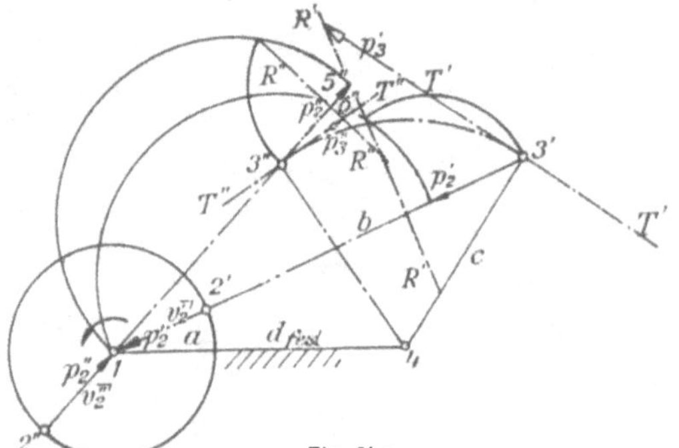

Fig. 54 a.

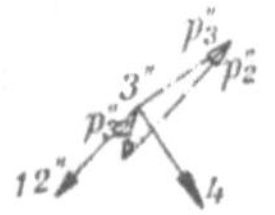

Fig. 54 b.

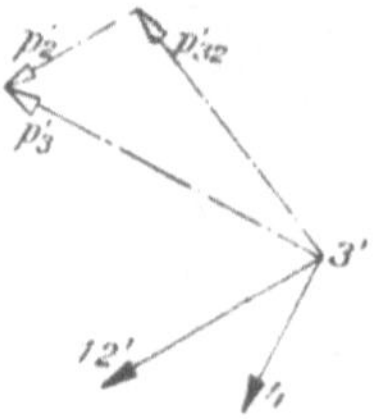

Fig. 54 c.

Fig. 54a—c. Beschleunigungen in den Umkehrstellungen des Gelenkviereckes

Die gleiche Konstruktion wiederholen wir beim anderen Totpunkt $2''$. Wir erhalten hier $\overline{3''\,7''}$ die Beschleunigung p_3''. Wir erkennen, daß die Richtung der Beschleunigungen p_3' und p_3'' verschieden ist, p_3'' ist negativ, p_3' positiv.

Die Konstruktion vereinfacht sich (Fig. 54), wenn $\omega_a =$ konst.; $\varepsilon_a = 0$; dann fallen (bei geeigneter Wahl der Maßstäbe, s. S. 71) die Beschleunigungen p_2 nach Größe und Richtung mit dem Kurbelhalbmesser a zusammen. Das Antragen von p_2 an $p_{n_{32}}$ kann man sich dadurch sparen, daß man über $\overline{15}$ (wobei 3'' 5'' $= a$) einen Halbkreis mit b schlägt, diesen mit dem Kreisbogen um 5'' mit 5'' 3'' schneidet und von dort unmittelbar das Lot $R''R''$ auf 2'' 3'' mit der Senkrechten $T''T''$ auf 3'' 4 zum Schnitt bringt. 3'' 6'' ist die gesuchte Beschleunigung p_3''. Auf die gleiche Weise finden wir 3' 6', die Beschleunigung p_3'.

Die Beschleunigungskonstruktionen Fig. 51 uf. des Gelenkvierecks sind nicht einfach, man ermittelt deshalb die Beschleunigung nur für solche Punkte, bei denen erhebliche Geschwindigkeitsveränderungen auftreten.

Vielfach ersetzt man die vektorielle Bestimmung der Beschleunigung durch graphische Differentiation aus dem tv- bzw. sv-Schaubild; hierdurch können jedoch erhebliche Ungenauigkeiten entstehen, da die bei der Ermittlung der einzelnen Größen entstandenen Ungenauigkeiten sich vervielfachen; ganz abwegig ist es, aus dem ts-Diagramm durch doppelte graphische Differentiation die Beschleunigung abzuleiten (siehe Seite 18).

Beschleunigungsermittlung nach Grübler. (Schrifttum 9, S. 52). Für bestimmte Fälle läßt sich die von Grübler angegebene Konstruktion der Beschleunigung aus dem Diagramm der gedrehten Geschwindigkeiten gut benutzen. Auf die Ableitung sei hier verzichtet und nur die Konstruktion (Fig. 55) angegeben. Auf bekannte Weise sei das Diagramm der gedrehten Geschwindigkeiten $\overline{v}_3$ ermittelt (s. S. 67). Zur augenblicklichen Lage A des Kurbelpunktes 3 gehört die gedrehte Geschwindigkeit $\overline{v}_a$, die im Punkt B endet. Man ziehe die Tangente an die Bahnkurve in A ($\perp$ zu A4) und an die Geschwindigkeitslinie in B, dann errichte man in B die Normale, die die Bahntangente in N schneidet. Man verbindet $\overline{4N}$ und bringt diese Linie zum Schnitt mit der Parallelen zur Bahntangente durch B. Die Strecke $\overline{BC}$ ergibt bereits die

Tangentialbeschleunigung p_t nach Größe und Richtung, die nur noch nach A zu verlegen ist. Im allgemeinen genügt die Kenntnis der Tangentialbeschleunigung; die Gesamtbeschleunigung p findet man ebenfalls recht einfach durch Ziehen einer Parallelen durch C zu AB und Verlängerung der Normalen BN (Schnittpunkt M). $AM = p$ entspricht nach Größe und Richtung der Gesamtbeschleunigung. Man findet aber die Normalbeschleunigung ebenfalls leicht mit Hilfe des Halbkreises über $A4$ und der Senkrechten zum Schnittpunkt Q mit dem Kreise um A mit v_a. Diese Konstruktion benutzt man zur Kontrolle der Genauigkeit: Q, P, M müssen auf einer Geraden liegen. Augenscheinlich versagt die Konstruktion (Fig. 55), wenn die Geschwindigkeit $v_a = 0$ wird, also gerade für die wichtigen Beschleunigungen in den Totlagen. Hier ist also auf die Konstruktion nach Fig. 53 oder Fig. 54 zurückzugreifen.

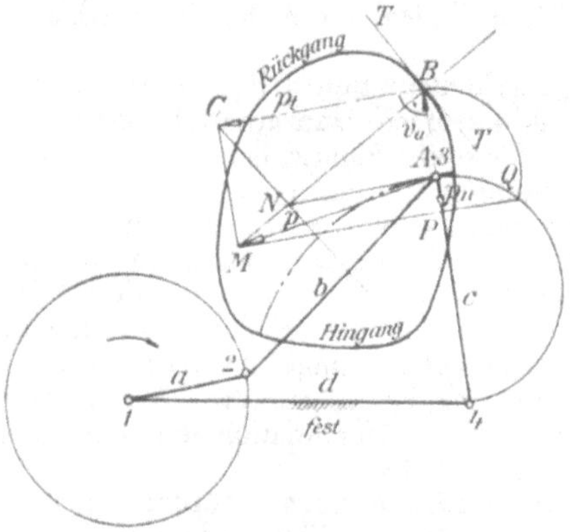

Fig. 55. Ermittelung der Beschleunigung nach M. Grübler (allgemein anwendbares Verfahren für gegebene Bahnkurve und Geschwindigkeit)[1].

Beschleunigung eines beliebigen Punktes der Schwinge und der Koppel. Ist die Beschleunigung p_3

[1]) Diese Konstruktion hat allgemeine Gültigkeit nicht nur für das Gelenkviereck, sondern für eine beliebige Bahnkurve, wobei das Geschwindigkeitsdiagramm auf der Normalen dazu aufgetragen ist. Anwendung beim Kurbelschleifengetriebe siehe Seite 92.

56 a. vt-Schaubild

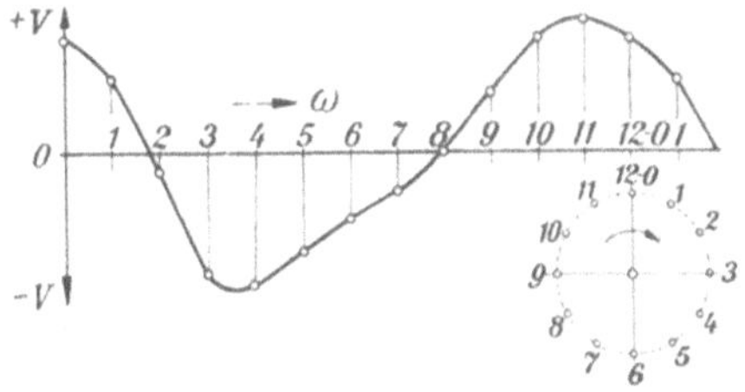

56 b. p_tt-Schaubild.

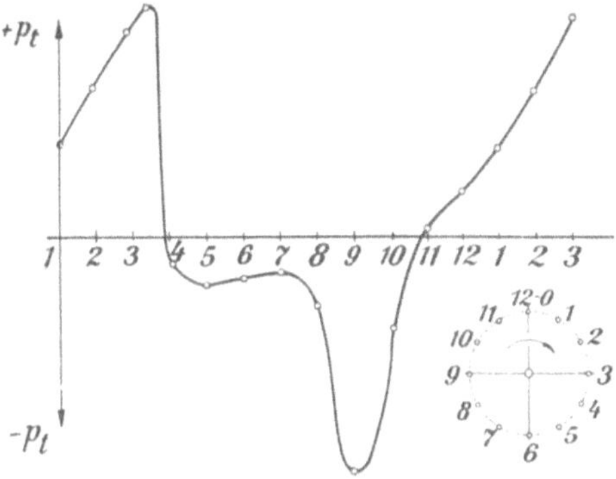

56 c. vs- und p_ts-

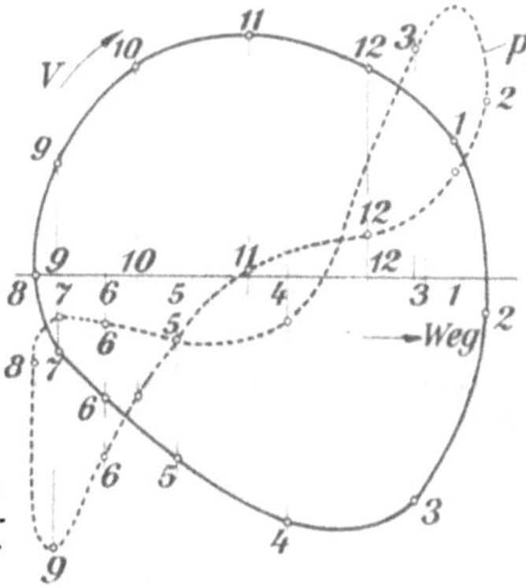

Fig. 56 a—c. Geschwindigkeits- und Beschleunigungsdiagramme des Bogenschubkurbelgetriebes Fig. 55.

des Punktes der Schwinge ermittelt, so läßt sich auch die Beschleunigung jedes beliebigen Punktes ihrer Ebene nach den auf Seite 29 entwickelten Sätzen auffinden. Die Beschleunigung p_3 liege zum Fahrstrahl 34 unter dem Winkel α; dann liegt die Beschleunigung jedes beliebigen Punktes der Schwingebene 34 ebenfalls unter dem Winkel α zu ihrem Fahrstrahl (Fig. 57). Liegt ein Punkt, z. B. B, auf der Schwingengeraden 34, so findet man die Größe von p_B durch Ziehen des Fahrstrahles 43′ und einer Parallelen zu p_3 durch B. Für einen beliebigen Punkt der

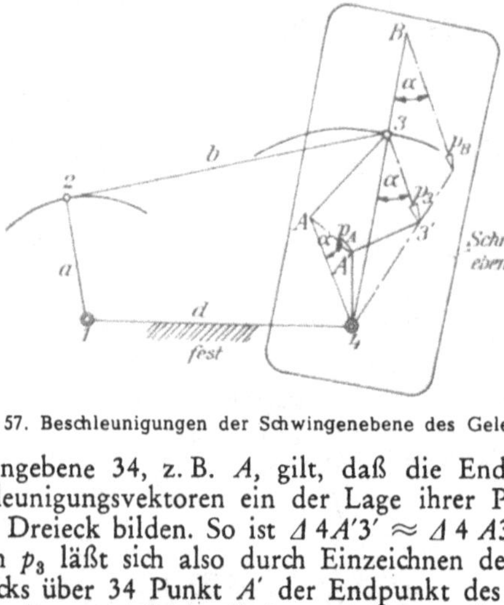

Fig. 57. Beschleunigungen der Schwingenebene des Gelenkviereckes.

Schwingebene 34, z. B. A, gilt, daß die Endpunkte der Beschleunigungsvektoren ein der Lage ihrer Punkte ähnliches Dreieck bilden. So ist $\Delta\, 4A'3' \approx \Delta\, 4\, A3$. Bei gegebenem p_3 läßt sich also durch Einzeichnen des ähnlichen Dreiecks über 34 Punkt A' der Endpunkt des Beschleunigungsvektors p_A leicht finden. Als Kontrolle dient, daß der Winkel $4AA' = \alpha$ sein muß.

Die Beschleunigung eines beliebigen Punktes der Koppelebene 23 läßt sich finden (Fig. 58), wenn die Beschleunigungen zweier Punkte, z. B. p_2 und p_3, bekannt sind. Zur Ermittlung der Beschleunigung eines Punktes 6 der Koppelgeraden 23 zieht man durch die Endpunkte von p_2

und p_3 die Gerade A und durch Punkt 3 und den Endpunkt von p_2 die Gerade B. Man zieht durch 6 eine Parallele zu p_2 bis zum Schnittpunkt mit B und durch diesen Punkt eine Parallele zu p_3, diese schneidet aus A die gesuchte Beschleunigung p_6 (Beweis aus der Ähnlichkeit der Dreiecke). Für einen beliebigen Koppelpunkt 8 konstruiert man über den Endpunkten der Vektoren p_2

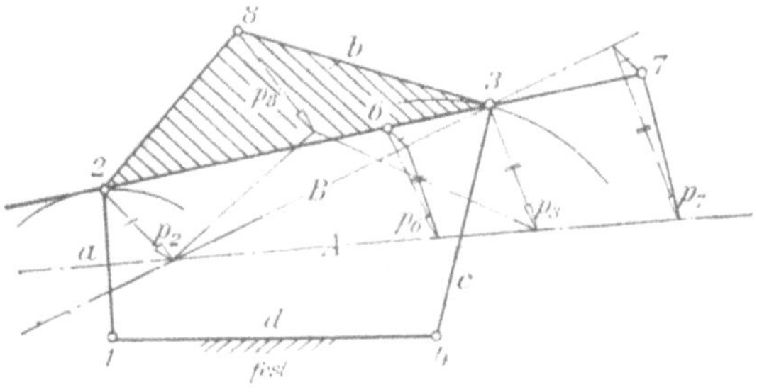

a

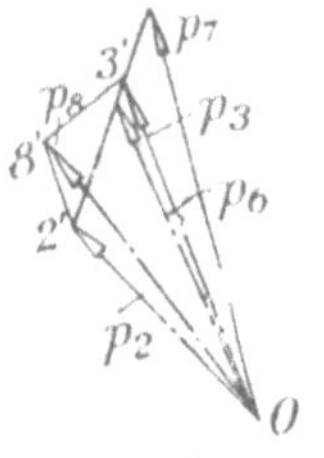

b

Fig. 58 a u. b. Beschleunigungen der Koppelebene des Gelenkviereckes.

und p_3 ein zum Dreieck 238 ähnliches Dreieck, die Spitze dieses Dreiecks ist der Endpunkt des Beschleunigungsvektors p_8. In Fig. 58 b ist der Beschleunigungsplan eingetragen. Die Endpunkte der Beschleunigungen der auf der Koppelgeraden 23 liegenden Punkte liegen auf einer Geraden 2′ 3′. Für Punkt 8 gilt, daß das $\Delta 2'3'8' \approx \Delta 2\,3\,8$.

Beispiel I: Das Getriebe (Fig. 51 a, S. 70) ist im Maßstab 1:6 gezeichnet; $n = 300$ U/min. Der Geschwindigkeitsmaßstab errechnet sich aus $v_2 = 0{,}0175\ m \mathrel{\hat{=}} a.\ \frac{\pi \cdot n}{30} = 0{,}028 \cdot 6 \cdot \frac{\pi \cdot 300}{30} = 5{,}27$ m/sek, also $1\ m \mathrel{\hat{=}} 300$ m/sek. Der Beschleunigungsmaßstab errechnet sich aus $p_{n2} = 0{,}0105\,m$

$\triangleq a \cdot \left(\frac{\pi \cdot n}{30}\right)^2 = 0{,}028 \cdot 6 \cdot \pi^2 \cdot 100 = 165$ m/sek²; also 1 $m \triangleq 15700$ m/sek². $v_3 = 0{,}023\, m \triangleq 0{,}023 \cdot 300 = 6{,}9$ m/sek; $p_3 = 0{,}028$ m $\triangleq 0{,}028 \cdot 15700 = 440$ m/sek²; $p_{t3} = 0{,}0255 \triangleq 0{,}0255 \cdot 15700 \triangleq 400$ m/sek².

Beispiel II: Für das Getriebe Fig. 55 wurde unter Annahme einer gleichförmigen Kurbelgeschwindigkeit in Fig. 56 a die Geschwindigkeit über dem Kurbelweg aufgetragen; in Fig. 56 b wurde die nach der Grüblerschen Konstruktion ermittelte Beschleunigung p_t ebenfalls über dem Kurbelweg aufgetragen und in Fig. 56 c über dem abgewickelten Weg des Schwingenpunktes 3 sowohl Geschwindigkeit v als auch Tangentialbeschleunigung p_t aufgetragen. Dieses Beispiel soll zeigen, daß man für bestimmte Zwecke geeignete Schaubilder zu wählen hat, d. h. entweder Auftragung über der Zeit (Fig. 56a und 56 b) oder über dem Weg (Fig. 56 c) oder unmittelbar über der Bahnkurve (Fig. 55).

c) Geradschubkurbel.

Wird im Gelenkviereck (Fig. 49) die Schwinge c unendlich lang, so daß Punkt 3 an Stelle einer Bewegung auf einem Kreisbogen eine Schiebung auf einer Geraden gg ausführt, so entsteht die allgemeine oder geschränkte Geradschubkurbel (Bestimmungsstücke: Kurbel a, Pleuelstange b, Abstand des Kurbelmittelpunktes 1 von der Gleitbahn $gg = e$, Fig. 59[1]).

Wege. Die Bewegung des Schiebers 3 findet man, indem der Kurbelkreis 3 in gleiche Teile geteilt wird; die Kreise mit der Koppellänge $l = b$ ergeben auf der Geraden gg die zugehörigen Schieberstellungen. Durch den Abstand e ergibt sich annäherungsweise ein Hub

$$h = \sqrt{(b + a)^2 - e^2} - \sqrt{(b - a)^2 - e^2} \tag{20}$$

$$\approx 2a \left[1 + \frac{e^2}{2\,(b^2 - a^2)}\right] \tag{20a}$$

der etwas größer als 2a ist. Der Vorwärts- und Rückwärtshub werden unter verschiedenen Kurbelwinkeln, d. h. in verschiedenen Zeiten zurückgelegt.

---

1) Die Kurbel a dreht sich in den Fig. 59 bis 63 im Uhrzeigersinne.

Geschwindigkeiten. Gegeben sei die Geschwindigkeit $\vec{v}_2$ des Punktes 2 der Kurbel *a*. Durch den Endpunkt von $\vec{v}_2$ zieht man eine Parallele zu 23, diese schneidet auf dem Lot zu *gg* durch 3 die Gleitbahngeschwindigkeit $\vec{v}_3$. Die Parallele zu *a* durch den Endpunkt von $\vec{v}_3$ schneidet auf der Verlängerung von $\overline{23}$ die Geschwindigkeit $\vec{v}_{32}$ ab.

Beschleunigungen. Punkt 3 wird auf der Gleitbahn geführt, infolgedessen hat er keine Normalbeschleunigung

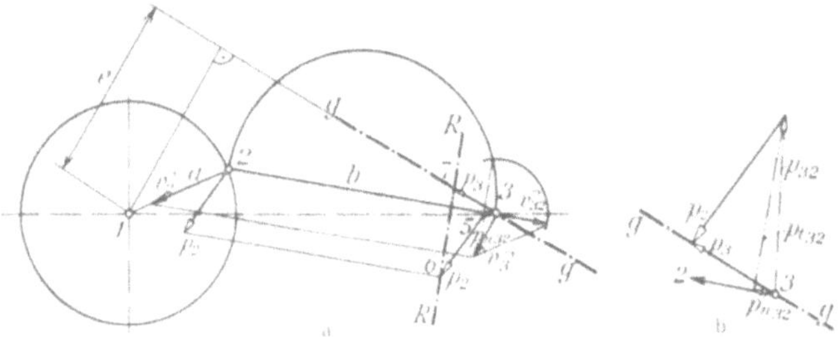

Fig. 59 a u. b. Geschwindigkeiten und Beschleunigungen der exzentrischen Geradschubkurbel.

und der geometrische Ort *TT* fällt mit *gg* zusammen. Durch Schlagen des Halbkreises über 23, Schneiden mit Kreisbogen $\vec{v}_{32}$, Lot auf 23 erhalten wir $p_{n32} = \overline{35}$. In 5 tragen wir nach Größe und Richtung p_2 (6) an, das Lot in 6 auf $\overline{23}$ gibt *RR*, der Schnittpunkt 7 mit gg ergibt bereits die Beschleunigung p_3 (Kreuzkopfbeschleunigung).

Bei Pleuelstangen großer Länge empfiehlt es sich, die Konstruktion der Geschwindigkeiten und Beschleunigungen nach Punkt 1 zu verlegen, damit keine so langen Parallelen zu ziehen sind, die u. U. wesentliche Ungenauigkeiten erzeugen können. Es handelt sich um die gleiche Konstruktion, wobei man sogar noch einige Hilfslinien erspart; sie ist in Fig. 60 durchgeführt. Durch den Endpunkt $\overline{v_2}$ zieht man eine Senkrechte zu gg und erhält $\overline{v_{32}}$ auf der Verlängerung von $\overline{23}$. Den Halbkreis über 23 bringt man zum Schnitt mit dem Kreisbogen $\overline{v_{32}}$ um 2, errichtet die Senkrechte zu $\overline{23}$, dies ist bereits der geometrische Ort SS für den Endpunkt p_3. Man zieht noch die Parallele durch den Endpunkt 6 von p_2 zu gg und erhält in 56 $= p_3$ nach Größe und Richtung.

Sonderfall. ω = konst.; ε = 0. Für den Sonderfall der mit gleichbleibender Winkelgeschwindigkeit umlau-

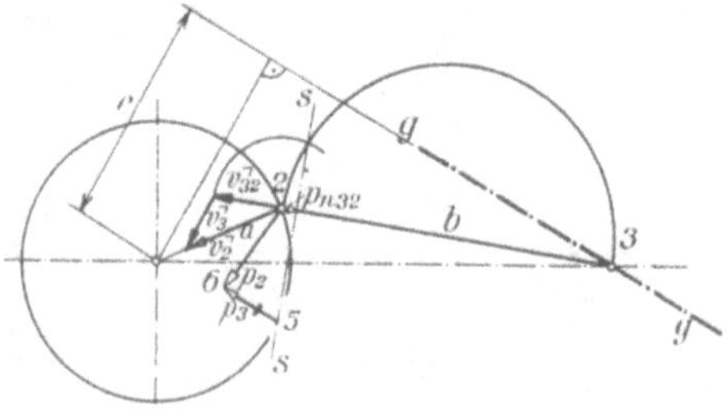

Fig. 60. Ermittelung der Geschwindigkeiten und Beschleunigungen am Kurbelende.

fenden Kurbel vereinfacht sich die Konstruktion, indem man wieder $\overline{v_2} = \overline{21}$ und ebenfalls $\overline{p_2} = \overline{21}$ wählt. Die Konstruktion ist sonst die gleiche (Fig. 61).

Durch besondere Einfachheit zeichnet sich die M o h r - sche Konstruktion (Fig. 62) aus. Diese ist ebenfalls nach Punkt 1 verlegt und ist dadurch besonders für große Pleuelstangenlängen b geeignet, weil die Halbkreiskonstruktion (Fig. 59—61) vermieden ist.

Man verlängert die Pleuelstangenrichtung 32 bis zum Schnittpunkt 5 mit der Senkrechten auf gg im Punkt 1. Dann zieht man die Parallele zu 13 durch 5 bis zum Schnittpunkt 6 mit der Verlängerung $\overline{12}$, durch 6 zieht man die Parallele zu $\overline{15}$ bis zum Schnittpunkt 7 mit $\overline{23}$. In 7 errichtet man das Lot auf $\overline{23}$ und bringt es zum Schnitt mit der Parallelen zu gg (Punkt 8). $\overline{81}$ ist der

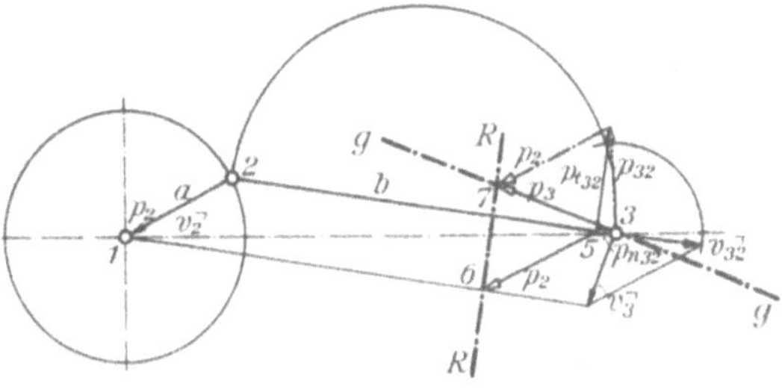

Fig. 61. Exzentrische Geradschubkurbel, Kurbel läuft gleichförmig um.

Größe und Richtung nach p_3, die Beschleunigung des Punktes 3. Aus der Ähnlichkeit der Dreiecke folgt, daß

$\overline{27} = \frac{\overline{25}^2}{\overline{23}} = \frac{v_{32}^2}{b} = p_{n32}$; die weitere Konstruktion entspricht der nach Fig. 60.

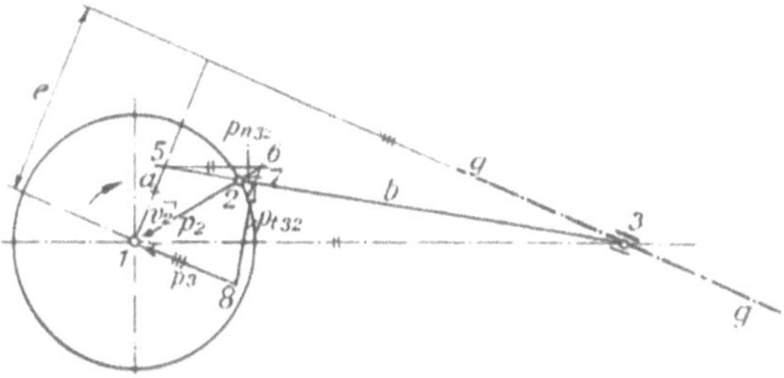

Fig. 62. Mohrsche Konstruktion für die Beschleunigung der exzentrischen Geradschubkurbel.

G e s c h w i n d i g k e i t e n und B e s c h l e u n i g u n g e n beliebiger Punkte der Pleuelstange b werden nach dem auf Seite 78 dargelegten Verfahren ermittelt.

Zentrische Geradschubkurbel. Fällt die Schubrichtung gg in die Verbindungslinie $\overline{13}$, so nennt man das Getriebe zentrische Geradschubkurbel, Abstand e wird $= 0$. Die Bewegung des Schiebers 3 findet man, indem der Kurbelkreis 3 in gleiche Teile geteilt wird, die Kreise mit der Koppellänge $l = b$ ergeben auf der Geraden gg die zugehörigen Schieberstellungen. Der Gesamthub ist $2a$. Aus diesem Grunde wird auch vielfach das Schieberdiagramm nach Punkt 1 verlegt. Man schlägt um Punkt 3 einen Kreisbogen durch 2 mit b; der Schnittpunkt auf $13 = gg$ gibt im Abstand 18 den Schieberweg.

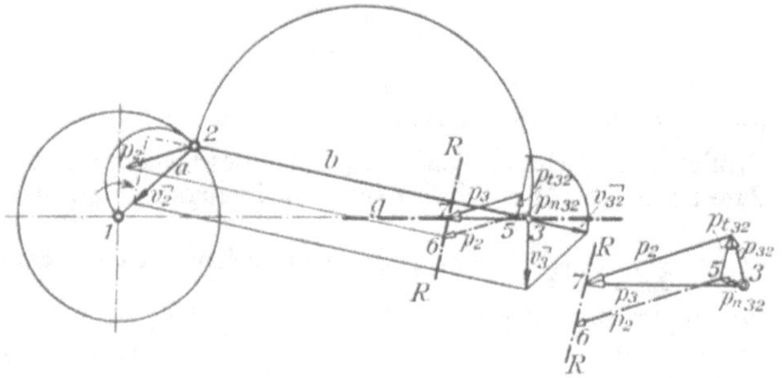

Fig. 63. Geschwindigkeiten und Beschleunigungen der zentrischen Geradschubkurbel.

Die Geschwindigkeits- und Beschleunigungskonstruktionen vereinfachen sich für diesen Fall.

Fig. 63 zeigt die Konstruktion der Geschwindigkeiten und Beschleunigungen für den allgemeinen Fall. Die Entwicklung ist die gleiche, wie in Fig. 59 gezeigt (s. S. 81).

Die Mohrsche Konstruktion ist ebenfalls anwendbar, sie vereinfacht sich dadurch, daß $15 \perp 13$.

Sonderfall. Für den Sonderfall der mit gleichbleibender Winkelgeschwindigkeit umlaufenden Kurbel vereinfacht sich die Konstruktion, indem man wieder $\overline{v_2} = 21 = a$ und ebenfalls $p_2 = \overline{21}$ wählt. Die Konstruktion ist sonst die gleiche wie Fig. 64[1]). Neben der Kreisbogenkonstruktion ist auch die nach M o h r eingetragen.

Beschleunigungen in den Umkehrlagen. (Fig. 65). In den Umkehrlagen treten beim zentrischen Geradschub-

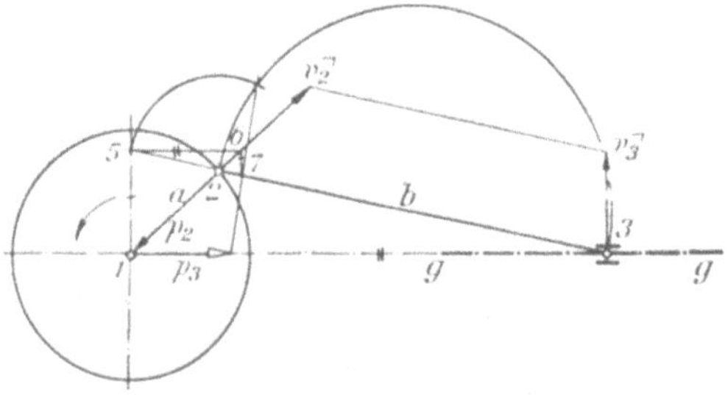

Fig. 64. Geschwindigkeiten und Beschleunigungen der zentrischen Geradschubkurbel, Kreisbogen und Mohrsche Konstruktion.

kurbelgetriebe die größten Beschleunigungen auf. Die Umkehrpunkte 3′ und 3″ haben die Geschwindigkeiten $v_3 = 0$. Deshalb ist die Relativgeschwindigkeit $v_{32} =$

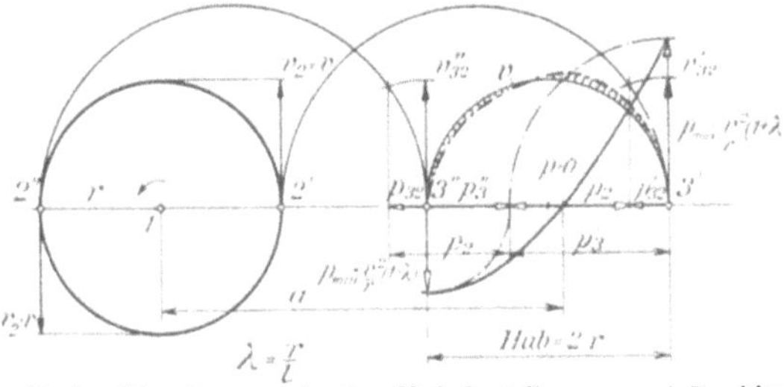

Fig. 65. Beschleunigungen in den Umkehrstellungen und Beschleunigungsverlauf der Geradschubkurbel.

$- v_2$. Die Beschleunigung der Punkte 3′ und 3″ setzt sich aus der Normalbeschleunigung $p_2 = \dfrac{v^2}{r}$ und der Normal-

---

1) Die Kurbel a dreht sich in Fig. 64 entgegengesetzt dem Uhrzeigersinne.

beschleunigung der Pleuelstange $b = l$: $p_{32} = p_{n32} = \frac{v^2}{l}$ zusammen (Fig. 65, graphisch durch Halbkreis über $\overline{23}$, Kreisbogen mit v_{32} und Lot auf $\overline{23}$ durch den Schnittpunkt zu ermitteln). Für den rechten Umkehrpunkt 3′ ist

$$p_3' = -(p' - p_{32}') = -\frac{v^2}{r}\left(1 - \frac{r}{l}\right)$$

für den linken Umkehrpunkt

$$p_3'' = p_2'' + p_{32}'' = \frac{v^2}{r}\left(1 + \frac{r}{l}\right).$$

Die Größen werden graphisch leicht auf der Verbindungslinie 13 gefunden. Mit diesen beiden Werten und dem Abstand[1]) $a = \sqrt{r^2 + l^2}$ für $p = 0$ und v_{max} sowie einigen Zwischenwerten läßt sich das p/s-Schaubild leicht aufzeichnen[2]). Der Punkt $p = 0$ kennzeichnet gleichzeitig v_{3max}.

d) Kurbelschleifen.

Macht man die Kurbel a des Geradschubkurbelgetriebes zum Gestell, so entsteht die umlaufende Kurbelschleife. Der Gleitstein c führt bei einer Drehung des jetzt als Kurbel dienenden Gliedes b im Schieber oder der Kulisse d eine hin- und hergehende Bewegung aus.

Geschwindigkeiten. Fig. 66 zeigt die Geschwindigkeiten in ihrer wirklichen Lage. $v_3 \perp \overline{32}$ ist die Geschwindigkeit des Punktes 3. Senkrecht zu $\overline{13}$ ergibt sich die Geschwindigkeit v_C des augenblicklich mit 3 zusammenfallenden Punktes C der Kurbelschleife d. Die Ver-

1) Diese Beziehung ist nur annäherungsweise. Siehe auch Meyer zur Capellen, Größt- und Kleinstwerte von Geschwindigkeit und Beschleunigung bei der Geradschubkurbel, Maschinenbau/Betrieb Bd. 16. 1937. S. 529.

2) Es wird auch vorgeschlagen, die Beschleunigungskurve durch eine Parabel zu ersetzen, wenn die beiden Endpunkte (größte und kleinste Beschleunigung) gegeben sind. Die Verbindungslinie schneidet die Achse der Gleitbahn im Punkte F, und das Lot $EF = 3\lambda r\omega^2$ bestimmt den Scheitelpunkt der Parabel, die mittels Korbbogenkonstruktion eingezeichnet wird.

bindungslinie der beiden Endpunkte v_3 und v_c, parallel zur Schubrichtung *gg*, ergibt die Relativgeschwindigkeit v_3 der Gleitsteinbewegung $v_r = v_3 \overset{+}{\rightarrow} v_c$. Mit $v_c = \overline{13} \cdot \operatorname{tg} \varphi_d = 13 \cdot \omega_d$ kennen wir die Winkelgeschwindigkeit der Kurbelschleife *d* um 1. Durch Drehen um 90° in Richtung des Uhrzeigersinnes ergeben sich die gedrehten Geschwindigkeiten $\bar{v}_3$, $\bar{v}_r$ und $\bar{v}_c$.

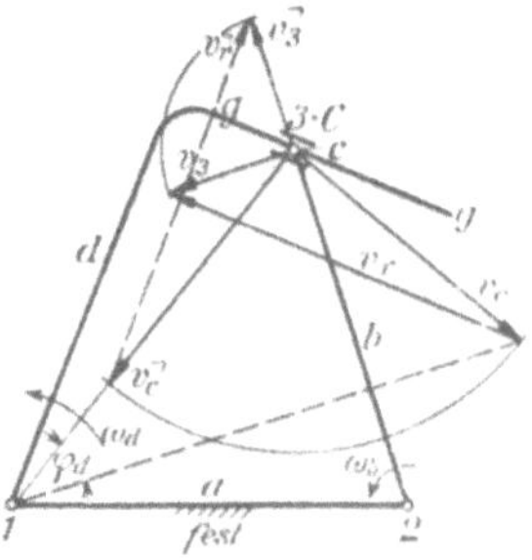

Fig. 66. Geschwindigkeiten der umlaufenden Kurbelschleife (exzentrisch).

Beschleunigungen. Ist die Beschleunigung p_3 des Punktes 3 nach Lage und Richtung gegeben, so kann die Beschleunigung für die mit ihm zusammenfallenden Punkte des Gleitsteins *C* und der Schleifkurbel oder Schleife *d* zerlegt werden (Fig. 67), in

1. die Beschleunigung p_r des Gleitstücks *c* gegenüber der Kurbelschleife *d*; sie fällt in die Richtung der Schleifkurbel.
2. Die Beschleunigung des mit 3 zusammenfallenden Punktes *C* der Schleifkurbel gegen das Gestellglied; sie zerlegt sich in die beiden rechtwinkligen Komponenten, $\overline{13} \cdot \omega_d^2$ = Normalbeschleunigung p_{nc}; [sie läßt sich aus $v_c = 13 \cdot \omega_d$ graphisch nach Größe und Richtung ermitteln (Richtung $\overline{13}$)] und $\overline{13} \cdot \varepsilon_d$ = Tangentialbeschleunigung p_{tc}.
3. Zusatz- oder Coriolisbeschleunigung von der Größe $2v_r \cdot \omega_d$ senkrecht zur wirklichen Richtung v_r, also parallel zu $\bar{v}_r$ in gleichem Sinne zeigend.

Die Normalbeschleunigung $p_{nc} = \overline{13} \cdot \omega_d^2$ wird zuerst durch Schlagen des Halbkreises über $\overline{13}$, Schneiden mit $\bar{v}_c = \overline{13} \cdot \omega_d$, Loten des Schnittpunktes auf $\overline{31}$ gefunden

(4); $\overline{34} = p_{nc}$ ist die Normalbeschleunigung des mit 3 zusammenfallenden Punktes C der Kurbelschwinge d. Die Tangentialbeschleunigung ist nur der Richtung nach bekannt, wir müssen deshalb vorerst die Zusatzbeschleuni-

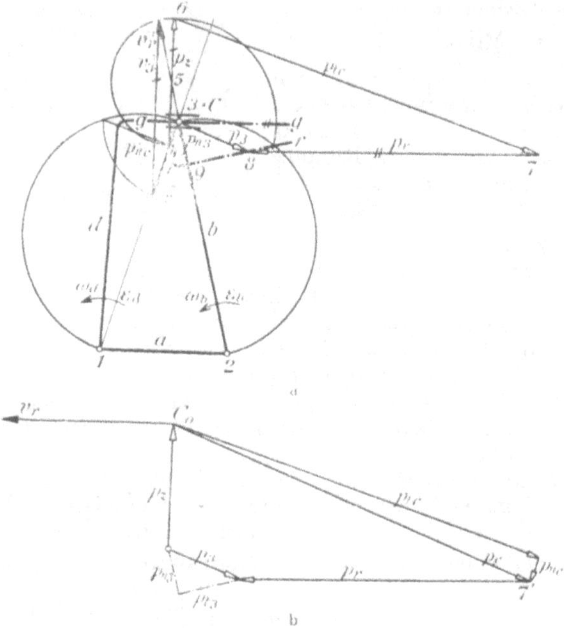

Fig. 67 a u. b. Beschleunigungen der umlaufenden Kurbelschleife (exzentrisch).

gung p_z ermitteln. Diese ist parallel zu $\overline{v_r}$ und hat die Größe von $2v_r \cdot \omega_d$. Wir finden sie graphisch, indem wir durch 4 eine Parallele zu $\overline{v_r}$ ziehen und zum Schnitt (5) mit der Verlängerung von $\overline{23}$ bringen. Wir machen dann $\overline{56} = \overline{45}$ und erhalten mit $\overline{46}$ nach Größe und

Richtung p_z. Durch 6 ziehen wir eine Senkrechte durch 13 und durch den Endpunkt der gegebenen Beschleunigung p_3 eine Parallele zur Schubrichtung gg; der Schnittpunkt 7 ergibt p_{tc}, die Tangentialkomponente von p_c und p_r die Relativbeschleunigung des Gleitsteins c in der Kurbelschleife d. In Fig. 67 b ist das Beschleunigungsbild anschaulicher herausgezeichnet.

Das gleiche Getriebe kann auch durch die Kurbelschleife d angetrieben werden; dann sind ω_d und ε_d bekannt; gesucht wird p_3 und p_r. Aus dem Bild der gedrehten Geschwindigkeiten erhalten wir, da $v_c = \overline{13} \cdot \omega_d$ bekannt ist, v_3 und v_r. Die gegebene Beschleunigung p_c zerlegen wir in p_{nc} und p_{tc}; aus $p_{nc} = \overline{13}\, \omega_d$ ermitteln wir wie oben $p_z = 2 \cdot v_r \cdot \omega_d$, tragen p_{tc} an den Endpunkt von p_z an und erhalten wie oben Punkt 7. Durch Schlagen des Halbkreises über $\overline{32}$ und Schneiden mit dem Kreisbogen $\overline{v_3}$ um 3, Herabloten des Schnittpunktes auf $\overline{32}$ erhalten wir in 9 den Endpunkt von p_3. Durch Ziehen einer Parallele durch 7 zu gg erhalten wir p_r und p_3.

Erfolgt der Antrieb mit gleichbleibender Winkelgeschwindigkeit ω_b, dann wählt man wie beim Gelenkviereck $\overline{v_3} = b$ und damit $p_{n3} = b = \overline{23}$, hierdurch vereinfacht sich die Konstruktion etwas. Beim Antrieb der Kurbelschwinge d ist diese Vereinfachung nicht möglich, da die Entfernung $\overline{13}$ veränderlich ist.

Sonderfälle. Ein häufiger Sonderfall tritt dann ein, wenn die Gerade gg durch den Drehpunkt 1 geht (entspricht der zentrischen Geradschubkurbel). Man kann die gleiche Konstruktion, wie sie auf Seite 87 f angegeben wurde, anwenden. Die Tangentialbeschleunigung p_{tc} des Punktes C und die Coriolisbeschleunigung p_z fallen hier in die gleiche Richtung. Gegeben sind $\overline{v_3}$ und p_3, wobei

$$p_{n3} = \frac{v^2}{b}.$$

Durch Fällen des Lotes auf *gg* erhalten wir $\overline{v_r}$ senkrecht zu *gg* und $\overline{v_c}$ in Richtung *gg*. Durch Schlagen des Halbkreises über $\overline{13}$ und Schlagen des Kreisbogens $\overline{v_c}$ um 3,

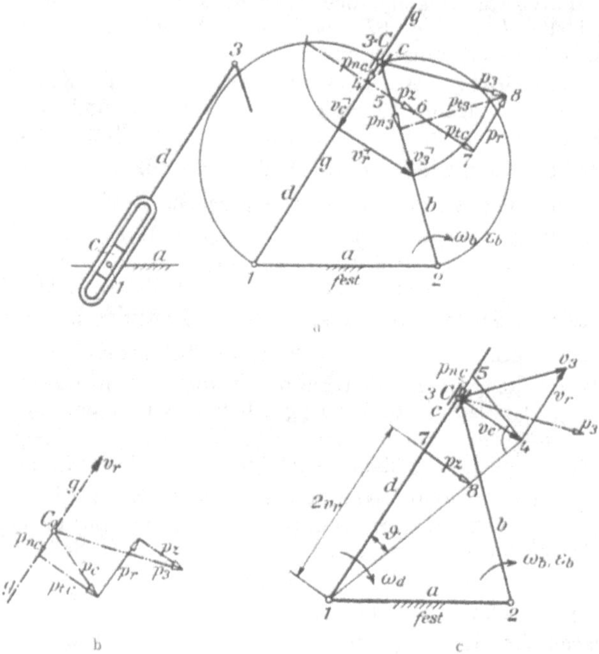

Fig. 68 a—c. Geschwindigkeiten und Beschleunigungen der zentrischen Kurbelschleife.

Loten des Schnittpunktes auf *gg* erhalten wir $\overline{34} = p_{nc}$. Wir machen dann $\overline{56} = \overline{45}$ und erhalten in $\overline{46} = p_z$ die Zusatzbeschleunigung. Wir verlängern $\overline{46}$ und ziehen durch den Endpunkt 8 von p_8 eine Parallele zu *gg*, $\overline{67}$ =

p_{tc} und senkrecht dazu $\overline{78} = p_r$. Im nebenstehenden Beschleunigungsbild (Fig. 68 b) ist die Lage der Beschleunigungen übersichtlich eingetragen.

Eine von der obigen etwas abweichende Konstruktion (Fig. 68c) zeichnet sich durch weniger Linien in der eigentlichen Getriebezeichnung aus. Man arbeitet hier mit den wirklichen Geschwindigkeiten (s. Fig. 66, Seite 87). Senkrecht zu $\overline{23}$ liegt v_3, senkrecht zu gg der Geschwindigkeitsvektor des augenblicklich mit 3 zusammenfallenden Punktes C ($v_c = \overline{34}$), zwischen v_3 und v_c liegt die Relativgeschwindigkeit v_r des Gleitsteines. Wir verbinden 4 mit 1 und errichten auf der Verbindungslinie das Lot, das die Verlängerung $\overline{13}$ in 5 schneidet. $\overline{53}$ ist dann nach dem Höhensatz $p_{nc} = \frac{v_c^2}{\overline{13}}$, dann tragen wir von 1 auf $\overline{13}$ die Strecke $2 \cdot v_r$ ab (7) und ziehen eine Parallele zu $\overline{34}$ durch 7, $\overline{78} = p_z = 2v_r \cdot \omega_d$, die Zusatzbeschleunigung.

Die weitere Konstruktion wird im Beschleunigungsbild (Fig. 68) durchgeführt. Man trägt in C_0 p_{nc} und p_3 an, fügt p_z im Endpunkt von p_3 an, errichtet im Endpunkt von p_{nc} das Lot und bringt dieses zum Schnitt mit einer Parallelen durch den anderen Endpunkt von p_z. Für den Fall, daß ω_b = konst., läßt sich die Konstruktion dadurch vereinfachen, daß man $v_3 = \overline{32} = b$ und ebenfalls $p_{n3} = p_3 = b$ macht. Bei Antrieb der Kurbelschleife d wird das gleiche Verfahren sinngemäß angewendet.

Die Geschwindigkeits- und Beschleunigungsverhältnisse sind die gleichen, wenn man die Gleitbahn von Punkt 3 nach Punkt 1 verlegt (Fig. 69).

Es ist erforderlich, das Getriebe in verschiedenen Stellungen zu untersuchen, um einen Überblick über den Bewegungsverlauf zu erhalten. Ausgewählte Stellungen sind die Umkehrlagen der Kurbelschleife d. Hier ist die Zu-

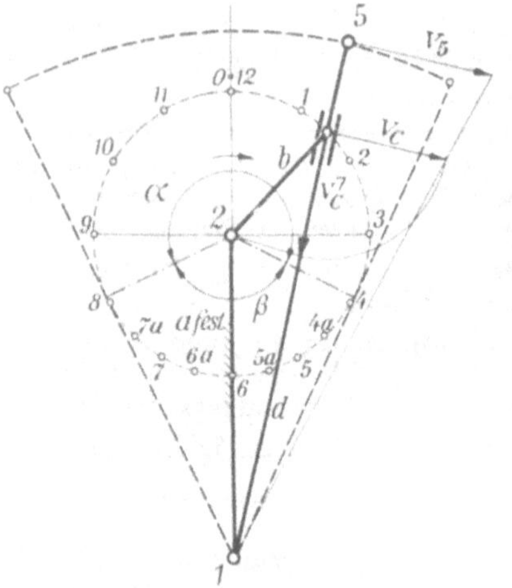

Fig. 69. Geschwindigkeiten der schwingenden Kurbelschleife zum Antrieb einer Shapingmaschine.

satzbeschleunigung $p_z = 0$, andererseits hat die Tangentialbeschleunigung p_{tc} ihre Höchstwerte. Die Konstruktion ist die gleiche wie für die Umkehrlagen des Gelenkvierekkes (Fig. 53, Seite 73), Schwinge *c* in Fig. 53 wird hier Schwinge *d*. Die Beschleunigungen für Zwischenstellungen lassen sich auch hier nach der Grüblerschen Konstruktion (Fig. 55, Seite 76) ermitteln.

Beispiel: Fig. 69 zeigt eine Kurbelschleife, wie sie an Shapingmaschinen (Waagerechtstoßmaschinen) angewandt wird. Die Kurbel *b* läuft mit gleichförmiger Geschwindigkeit um und erteilt der Schwinge *d* eine ungleichförmige Bewegung, die vom Gelenk 5 auf den Schlitten durch ein weiteres Gelenk oder einen Gleitstein übertragen wird. Die Geschwindigkeit des Punktes 5 ist zu ermitteln. Nach dem Vorbehandelten wählen wir die senkrechte Geschwindigkeit $\overline{v_3}$ gleich der Kurbellänge *b*, der mit 3 zusammenfallende Punkt *C* der Schwinge *d* hat die Geschwindigkeit $\overline{v_C}$, deren Endpunkt durch Fällen des Lotes von 2 auf *d* erhalten wird. Wir drehen $\overline{v_C}$ um 90° in seine richtige Lage, d. h. verbinden den Endpunkt von v_C mit 1, die Senkrechte in 5 wird zum Schnitt mit $\overline{1v_C}$ gebracht und liefert v_C. Wir teilen den Kurbelkreis von *b* beispielsweise in 12 gleiche Teile und ermitteln für jeden Punkt v_5 wie beschrieben; wegen der Symmetrie des Getriebes werden nur die Geschwindigkeiten von 0 bis 6 ermittelt. Man erkennt auch, daß für den unteren Quadranten des Kurbelkreises nicht genügend Punkte vorliegen, infolgedessen sind hier die Stellungen für die Punkte 4a, 5a etc. zusätzlich zu untersuchen.

Das Geschwindigkeitsdiagramm kann ähnlich wie in Fig. 55 unmittelbar über der Bahn des Punktes 5 aufgetragen werden oder ist in einem besonderen Schaubild Fig. 70 aufzuzeichnen. Man erkennt, daß der Vor-

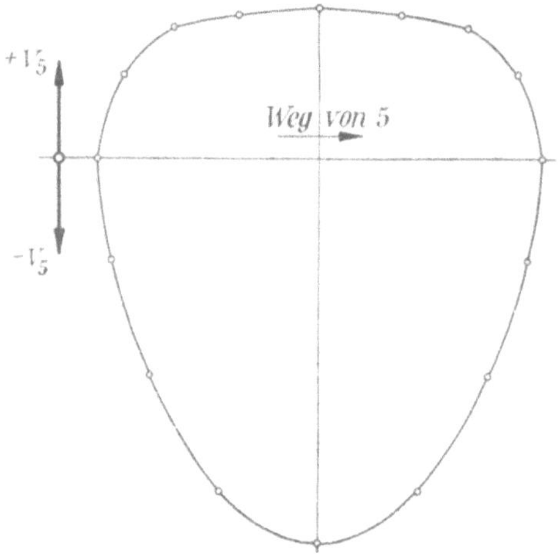

Fig. 70. vs-Schaubild der schwingenden Kurbelschleife, Fig. 69.

wärtshub mit nahezu gleichförmiger Geschwindigkeit erfolgt, und daß der Rückhub mit wesentlich höherer Geschwindigkeit zurückgelegt wird. Dies kann auch unmittelbar aus Fig. 69 ersehen werden, da zum Vorwärtshub die Kurbel den Winkel α und zum Rückhub den Winkel β zu beschreiben hat, mit $\sin \beta/2 = \frac{b}{a}$ und $\alpha + \beta = 360°$.

Wird die Kurbel $\overline{12} = b$ unendlich lang, so entsteht das als Winkelschleife bezeichnete Getriebe (Fig. 71, es spielt als Ersatzgetriebe für Kurvenscheiben mit gerader Gleitbahn eine Rolle). Die Ermittlung der Geschwindigkeiten und Beschleunigungen ist die gleiche wie bei der umlaufenden Kurbelschleife. Die Beschleunigung p_3 fällt in die Schubrichtung cc, da die Normalbeschleunigung $p_{nc} = 0$ wird. Sonst ist die Konstruktion der Beschleunigung die gleiche, wie sie bei der Kurbelschleife durchgeführt wurde (s. Seite 88, Fig. 67).

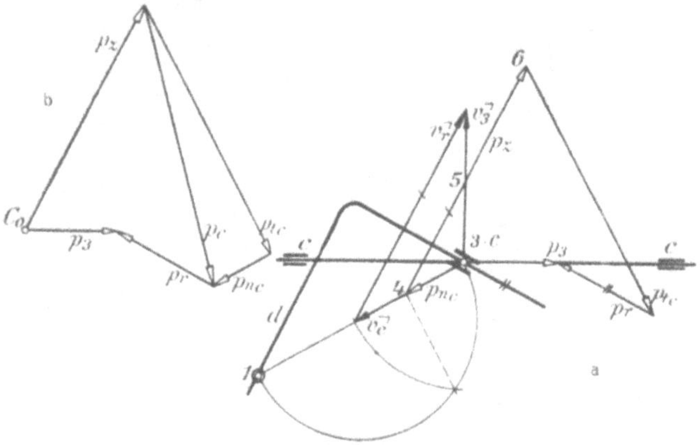

Fig. 71 a u. b. Geschwindigkeiten und Beschleunigungen der Winkelschleife (Schubschleife).

e) Bogenschleifen- und Kreuzschleifengetriebe.

Wird im Geradschubkurbelgetriebe die Pleuelstange *b* sehr lang, so kann man auf dem Umwege über eine Zapfenerweiterung die Pleuelstange durch eine Bogenführung ersetzen. Wir können deshalb bei dem Getriebe in Fig. 72 die Geschwindigkeiten und Beschleunigungen auf die gleiche Art ermitteln, wie beim Geradschubkurbelgetriebe. Die. im folgenden beschriebene Konstruktion berücksichtigt die Relativbewegung des Bogengleitsteines. v_2 ist die senkrecht zum Kurbelhalbmesser a liegende Geschwindigkeit des Kurbelpunktes 2, sie zerlegt sich in die Relativgeschwindigkeit v_r, d. h. die Geschwindigkeit des zum Gleitstein zusammengeschrumpften Gliedes b, in dem als Bogenschleife ausgebildeten Glied c; sie fällt in die Richtung der Tangente des jeweiligen Punktes 2 der Bogenführung. Parallel zur Gleitbahn liegt die Geschwindigkeit v_c des Gliedes c

$$v_2 = v_r \mathrel{+\!\!\to} v_c.$$

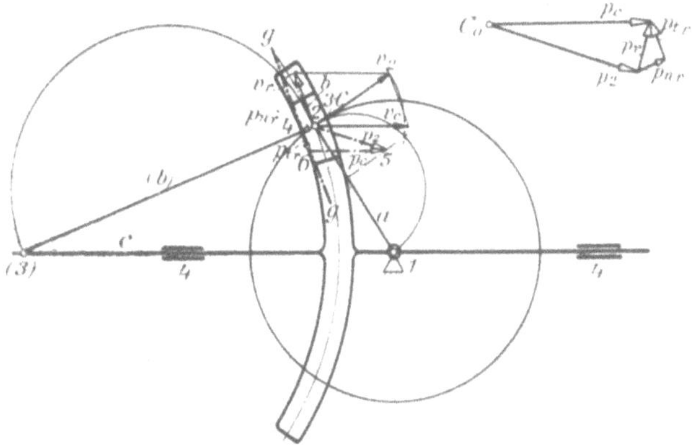

Fig. 72. Geschwindigkeiten und Beschleunigungen der Bogenschleife.

Gegeben ist ferner die Beschleunigung p_2 des Punktes 2. Die Zusatzbeschleunigung p_z fällt bei diesem Getriebe weg. Wir finden durch Schlagen des Halbkreises über $\overline{(3)\,2}$ und Schneiden mit dem Halbkreis v_r um 2, Loten des Schnittpunktes auf $\overline{(3)\,2}$ den geometrischen Ort gg. Durch den Endpunkt 5 von p_2 ziehen wir eine Parallele zur Gleitbahn 44 und finden im Schnittpunkt 6 mit gg in $\overline{65} = p_c$ die Beschleunigung des Gliedes c. In Fig. 72 ist das Beschleunigungsbild besonders herausgezeichnet

$$p_c = p_2 \mathrel{+\!\!\to} p_{nr} \mathrel{+\!\!\to} p_{tr}.$$

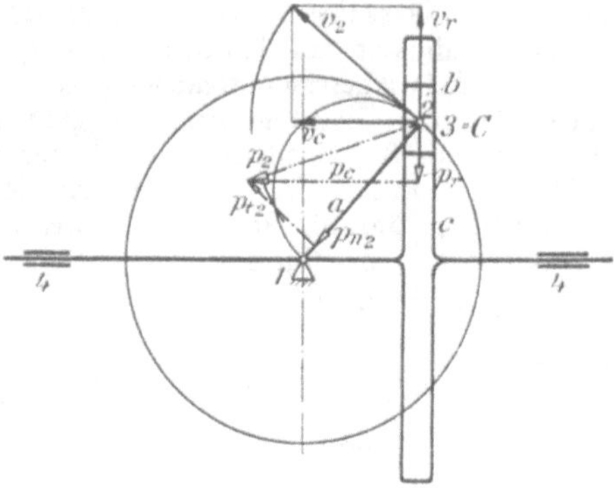

Fig. 73. Geschwindigkeiten und Beschleunigungen der Kreuzschleife.

Rückt der Mittelpunkt der Bogenschleife ins Unendliche, so entsteht das K r e u z s c h l e i f e n g e t r i e b e mit 2 Gerad(Prismen)führungen (Fig. 73). Die Komponente p_{nr} wird wegen $\frac{v_r^2}{\infty} = 0$ und p_r fällt in Gleitbahnrichtung 2.

Wir finden v_2 senkrecht 12, v_r fällt in Gleitbahnrichtung 2, v_c in Gleitbahnrichtung 4. p_2 zerlegt sich in p_r in Gleitbahnrichtung 2 und p_c in Gleitbahnrichtung 4.

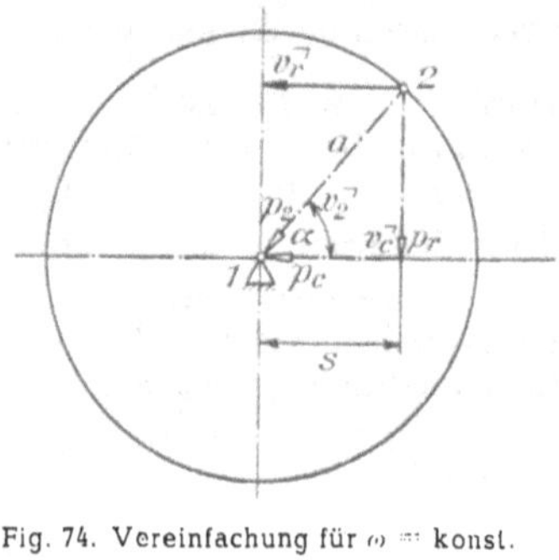

Fig. 74. Vereinfachung für ω = konst.

Ist die Winkelgeschwindigkeit ω_a=konst., dann wählt man $v_2 = \overline{12} = a$ (Fig. 74) und erhält ebenfalls $p_2 = \overline{12} = a$. Es ist dann $v_r = a \cdot \cos \alpha$; $v_c = a \cdot \sin \alpha$; und ebenso $p_c = a \cdot \cos \alpha$; $p_r = a. \sin \alpha$, wobei der zurückgelegte Weg $s = a \cdot \cos \alpha$ ist. Die Wege, Geschwindigkeiten und Beschleunigungen über der Zeit (Drehwinkel) aufgetragen, ergeben Sinusschwingungen mit einer Phasenverschiebung von 90°.

V. Geschwindigkeiten und Beschleunigungen von Kurvengetrieben.

Die Geschwindigkeiten und Beschleunigungen von bereits ausgeführten Kurvengetrieben, deren Kurvenverlauf keiner erkennbaren Gesetzmäßigkeit folgt, werden am zweckmäßigsten auf graphischem Wege ermittelt.

a) Kurvenschub mit ablaufender Rolle.

Zur gegebenen Kurvenbahn K (Fig. 75) wird durch Schlagen von Kreisbogen mit dem Rollenhalbmesser die Mittelpunktsbahn K_{sp}, d. h. die Bahn des Rollenmittelpunktes als Hüllkurve ermittelt. Wir legen an die Kurve K_{sp} die Tangente und finden so die Kurvennormale n. Mit Hilfe der bekannten Geschwindigkeiten v_a der Schubkurve finden wir die Geschwindigkeit v_b des durch den Kurvenschub betätigten Schiebers.

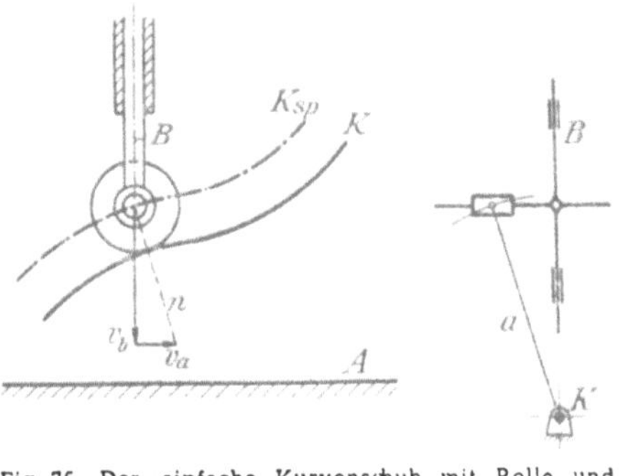

Fig. 75. Der einfache Kurvenschub mit Rolle und sein Ersatzgetriebe (Kreuzschleife).

Die Beschleunigung des Schiebers ermittelt man entweder durch Aufzeichnen des sv-Schaubildes und Konstruktion der Subnormalen (s. Abschnitt Ia, Seite 13) oder durch Ersetzen des Kurvengetriebes durch ein entsprechendes Kurbelgetriebe. Gerade Abschnitte der Kurve K_{sp} sind beschleunigungsfrei. Gekrümmte Abschnitte lassen sich beim Schieber durch ein Kreuzschleifengetriebe, beim Schwinghebel durch ein exzentrisches Schubkurbelgetriebe ersetzen. Man ermittelt dann nach Abschnitt IV e und IV c die Beschleunigungen (der Einfachheit halber auch die Geschwindigkeiten) dieser Ersatzgetriebe.

b) Kurvenscheiben mit ablaufender Rolle.

Zur gegebenen Kurvenbahn wird durch Schlagen von Kreisbogen mit dem Rollenhalbmesser die Mittelpunktsbahn K_{sp}, d. h. die Bahn des Rollenmittelpunktes als Hüllkurve ermittelt. Man versucht nun, diese Bahn annäherungsweise durch Stücke aus Kreisbogen und Geraden zu ersetzen. Hat die Kurve einen stetigen Verlauf, so werden die Krümmungsmittelpunkte auf einer Kurve liegen, der Evolute der ursprünglichen Kurve (Fig. 76). Ist die ursprüngliche Kurve, wie dies vielfach bei Nocken von Verbrennungsmotoren der Fall ist, selbst aus Kreisbögen zusammengesetzt, (s. Abschnitt IV d, Seite 86), so sind deren Krümmungsmittelpunkte ebenfalls die der Mittelpunktsbahn. Abschnitte von Geraden haben die gleiche Länge auf der Kurve und auf der Mittelpunktsbahn.

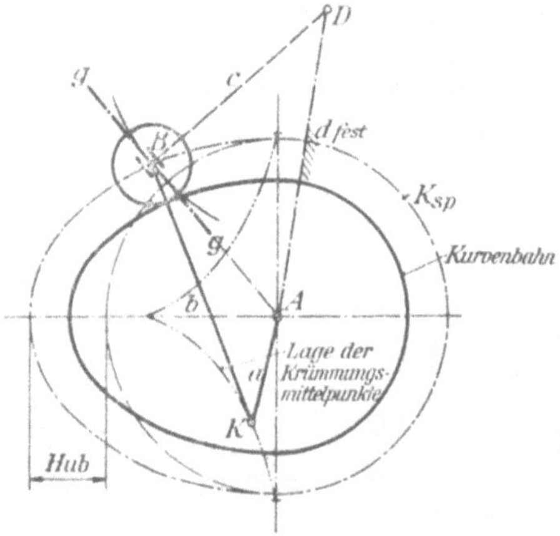

Fig. 76. Kurvenscheibe mit Hubschwinge und Rolle.

Hub. Den gesamten Umfang der Mittelpunktsbahn unterteilen wir vorerst in Ruhe- und Bewegungsabschnitte. Die Ruheabschnitte sind konzentrische Kreise um den Mittelpunkt A der Kurvenscheibe, in diesen Punkten führt der Schieber oder Hebel keine Bewegung aus. Geschwindigkeiten und Beschleunigungen sind also an diesen Stellen gleich 0. Die jeweiligen Bewegungsabschnitte, von denen mehrere nacheinander angeordnet sein können und die im allgemeinen durch Ruheabschnitte (konzentrische Kreise) voneinander getrennt sind, werden bezogen auf einen Grundkreis, in eine Anzahl gleicher Teile geteilt. Die radiale Entfernung des jeweiligen Teilpunktes von der Mittelpunktsbahn ist der Hub h, den der Schieber oder Hebel zurückgelegt hat.

Geschwindigkeiten und Beschleunigungen. Zur Ermittlung der Geschwindigkeiten und Beschleunigungen ist näher auf die Kurvenform einzugehen (Fig. 76).

Zur Stellung B des Rollenmittelpunktes gehört der Krümmungsmittelpunkt K. Je nach Form der Kurve bewegt sich Punkt B ein kürzeres oder längeres Stück auf einem Kreisbogen um Punkt K mit Halbmesser b. Wir können uns deshalb das Getriebe ersetzt denken durch eine Kurbel $a = \overline{AK}$, die sich um Punkt A dreht und mit der der auf Gleitbahn gg gleitende Mittelpunkt B der Rolle durch die Koppel b fest verbunden ist. Das Kurvengetriebe ist also augenblicklich durch die Geradschubkurbel AKB ersetzt. Wir brauchen deshalb nur mittels der im Abschnitt IV entwickelten Verfahren die Geschwindigkeiten und Beschleunigungen des Rollenmittelpunktes B zu ermitteln.

Führt der Rollenpunkt B eine Schwingbewegung mit Hebel c um den festen Drehpunkt D aus (in Fig. 76 gestrichelt), so wird das Ersatzgetriebe ein Gelenkviereck mit Steg $\overline{AD} = d$, Kurbel $a = \overline{AK}$, Schwinge $c = \overline{BD}$ und Koppel $b = \overline{KB}$; die Geschwindigkeiten und Beschleunigungen des Rollenmittelpunktes B sind nach Abschnitt IV b zu ermitteln.

Um ein Bild über den Geschwindigkeits- und Beschleunigungsverlauf zu gewinnen, muß man diese Werte für eine Anzahl Punkte des Bewegungsabschnittes der Kurvenscheibe ermitteln. Die Untersuchung vereinfacht sich,

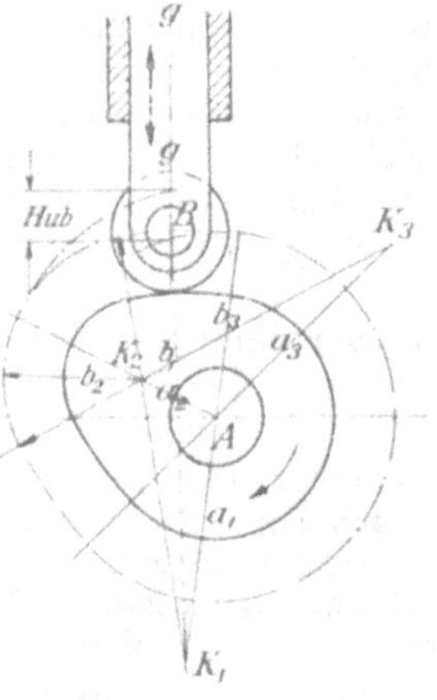

Fig. 77. Kurvenscheibe (aus Kreisbögen zusammengesetzt) mit Hubschieber und Rolle.

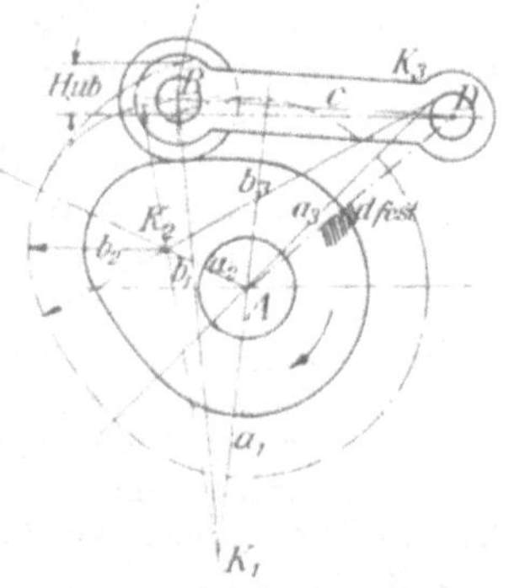

Fig. 78. Kurvenscheibe (aus Kreisbögen zusammengesetzt) mit Hubschwinge und Rolle.

wenn das Kurvenprofil und damit auch das der Mittelpunktsbahn nur aus Kreisbogen zusammengesetzt ist (Fig. 77 u. 78), dann schrumpft die Bahn der Krümmungsmittelpunkte zu einzelnen Punkten zusammen, gleichzeitig entstehen starke Beschleunigungssprünge.[1]) Besteht ein

[1]) Diese werden vermieden, wenn sich die Krümmung stetig ändert, z. B. der Krümmungsmittelpunkt K auf einer stetigen Kurve liegt (Fig. 76). Hier findet jedoch ein starker Beschleunigungssprung in Richtung der Senkrechten zu A statt. Im Brit. Patent 653 910 wird vorgeschlagen, diesen Sprung ebenfalls durch eine Evolute zu vermeiden, und die gesamte Kurvenbahn durch Abwälzen eines Bandes (Stahlband) auf der Evolute zu erzeugen.

tangentialer Übergang zwischen den Kreisbögen, so müssen die Mittelpunkte zweier benachbarter Abschnitte auf einer gemeinsamen Normalen liegen. Für diese Punkte *B* ergeben sich somit zwei Ersatzgetriebe; zur Kontrolle kann man benutzen, daß sich für diese Punkte *B* gleichgroße Geschwindigkeiten ergeben, während die Beschleunigungen gerade an dieser Stelle größere Sprünge wegen der Unstetigkeit der Krümmung aufweisen.

Sonderfall. Ist die Kurvenscheibe zum Teil aus geradlinigen Stücken zusammengesetzt, liegt der Krümmungsmittelpunkt *K* also im Unendlichen, so entsteht als Ersatzgetriebe bei der Schieberführung: das Winkelschleifengetriebe (Abschnitt IV d, Seite 94) und beim Schwinghebel die umlaufende Kurbelschleife (Abschnitt IV d, Seite 87 f).

c) Kurvenscheiben mit plattenartigem Eingriffsglied.

In Fällen, wo die Reibung zwischen Kurvenführung und Eingriffsglied weniger schädlich ist, benutzt man ein plattenartiges Eingriffsglied an Stelle der Rolle. Der Berührungspunkt zwischen Kurve und Eingriffsglied wandert hier im allgemeinen.

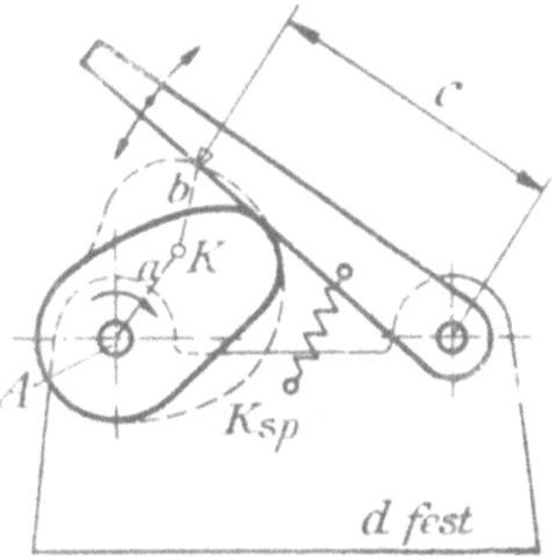

Fig. 79. Kurvenscheibe mit Platte gepaart.

Bei der Kurvenscheibe mit Schwinghebel (Fig. 79) ermittelt man zunächst die Bahn eines bestimmten Punktes des Eingriffsgliedes auf der Kurvenscheibe, diese Bahn sei wieder mit K_{sp} bezeichnet, sie entspricht der Mittelpunktsbahn bei den Getrieben mit Rollenführung. Die Kurve K_{sp} wird im allgemeinen erheblich von der ursprünglichen Kurve abweichen. Wir suchen jetzt zu K_{sp}

die entsprechenden Krümmungsmittelpunkte und bilden ein Ersatzgetriebe (Gelenkviereck abcd).

Wird der Plattenträger gerade geführt, eine Ausführungsart, die häufig an Verbrennungsmotoren vorkommt

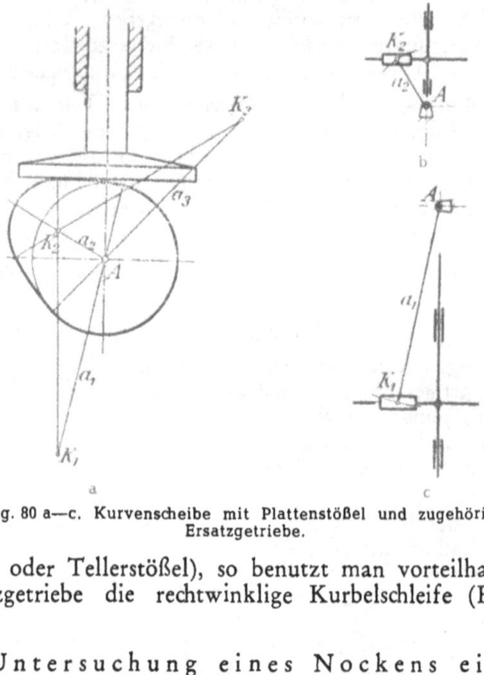

Fig. 80 a—c. Kurvenscheibe mit Plattenstößel und zugehörige Ersatzgetriebe.

(Pilz- oder Tellerstößel), so benutzt man vorteilhaft als Ersatzgetriebe die rechtwinklige Kurbelschleife (Fig. 80 a—c).

d) Untersuchung eines Nockens einer Hochofengebläsemaschine.

Fig. 81 zeigt den Nocken (Verkleinerung etwa ⅛). Der Zentriwinkel für die Bewegung des Schwinghebels (Öffnungswinkels) beträgt 99°, der Hub ist 26 mm, die Drehzahl betrage $n = 80$ U/min. An- und Ablauf sind symmetrisch. Der Nocken ist durch Kreisbogen begrenzt.

Wir zeichnen zuerst die Mittelpunktsbahn des Nockens, die die gleichen Krümmungsmittelpunkte wie der Nocken selbst hat. Für den ersten Teil, den Anhub I II ersetzen

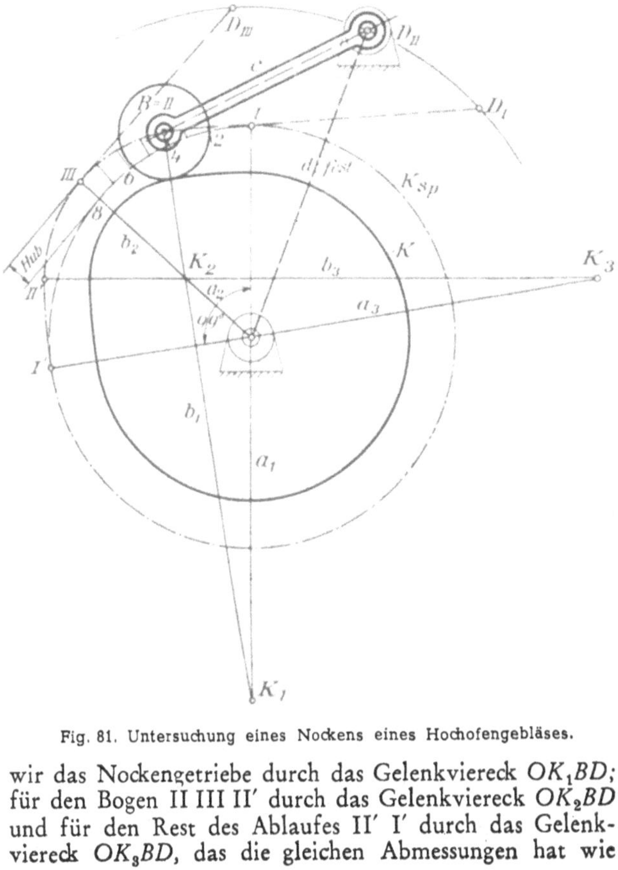

Fig. 81. Untersuchung eines Nockens eines Hochofengebläses.

wir das Nockengetriebe durch das Gelenkviereck OK_1BD; für den Bogen II III II′ durch das Gelenkviereck OK_2BD und für den Rest des Ablaufes II′ I′ durch das Gelenkviereck OK_3BD, das die gleichen Abmessungen hat wie das Gelenkviereck OK_1BD. Wir teilen den ganzen Hubbereich II in eine Anzahl gleicher Teile (8, 12, 16, 24) und ermitteln für jeden dieser Punkte, sowie die Hauptpunkte I—I′ auf Grund der in Abschnitt IV b gegebenen graphischen Konstruktionen die Geschwindigkeiten und Beschleunigungen (besonders die Tangentialbeschleunigung) des Punktes B als Schwingenendpunkt des Ersatzgetriebes. Teilpunkte, die in die Nähe der Hauptpunkte fallen, können ausgelassen werden. Die gefundenen Werte

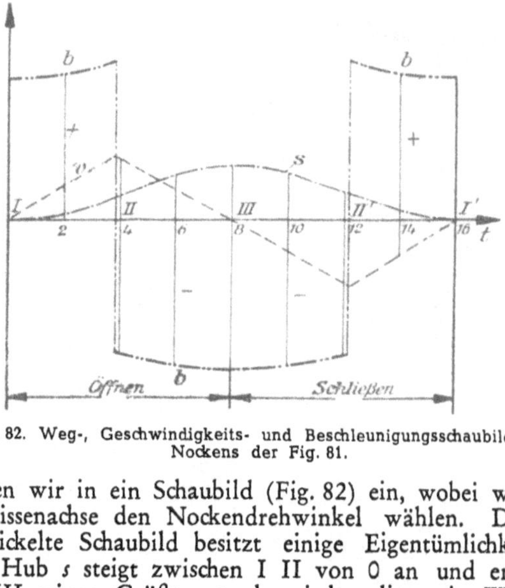

Fig. 82. Weg-, Geschwindigkeits- und Beschleunigungsschaubild des Nockens der Fig. 81.

tragen wir in ein Schaubild (Fig. 82) ein, wobei wir als Abszissenachse den Nockendrehwinkel wählen. Das so entwickelte Schaubild besitzt einige Eigentümlichkeiten. Der Hub s steigt zwischen I II von 0 an und erreicht bei III seinen Größtwert, dazwischen liegt ein Wendepunkt, der im allgemeinen mit II zusammenfällt, da hier die Bahn von einem Halbmesesr b_1 auf einen wesentlich kleineren b_2 übergeht. Die Geschwindigkeit v steigt von I an etwa geradlinig an, erreicht ihren Höchstwert bei II und nimmt etwa geradlinig bis 0 (Punkt III) ab. Die

Tangentialbeschleunigung beginnt gleich mit einem ziemlich großen Wert in Punkt I, steigt dann weiter bis II. Infolge des Wechsels der Krümmung in II springt die Beschleunigung von einem positiven auf einen negativen Wert, sie erreicht ihr Maximum im Punkt III. Der Ablauf geht entsprechend vor sich. Für die Berechnung der Ventilfeder kommt in der Hauptsache nur die größte negative Beschleunigung, die ein Abheben der Rolle vom Nocken verursachen will, in Frage (zwischen II und II', meist in III). Im allgemeinen kann man sich begnügen, die Untersuchung der Tangentialbeschleunigung nur für die Hauptpunkte I, II, III, II', I' durchzuführen. Da die Ersatzgetriebe in den Punkten I, III, I' Umkehrstellungen aufweisen, vereinfachen sich hier die Konstruktionen, entsprechend Fig. 53 und 54 auf Seite 73 und 74. Für die Punkte II und II' ergeben sich je zwei Beschleunigungen, entsprechend dem Übergang von einer Krümmung zur anderen. Man trägt dann die gefundenen Werte in das Schaubild ein und verbindet die Endpunkte nach Gefühl.

Zur Kontrolle mag dienen, daß das Feld unter den positiven Beschleunigungen genau so groß sein muß wie das unter den negativen. Im folgenden sei noch die maßstäbliche Berechnung der ermittelten Geschwindigkeiten und Beschleunigungen durchgeführt (Fig. 82).

Zeichenmaßstab und Wegmaßstab 1 mm $\triangleq a$ mm $\triangleq$ 4 mm,

Winkelgeschwindigkeit

$$\omega = \frac{\pi \cdot n}{30} = \frac{3{,}14 \cdot 80}{30} = 8{,}37 \ 1/\text{sek},$$

Geschwindigkeitsmaßstab

$$1 \text{ mm} \triangleq \frac{a \cdot \omega}{1000} = \frac{4 \cdot 8{,}37}{1000} = 0{,}0335 \text{ m/sek},$$

Beschleunigungsmaßstab

$$1 \text{ mm} \triangleq \frac{a \cdot \omega^2}{1000} = \frac{4 \cdot (8{,}37)^2}{1000} = 0{,}28 \text{ m/sek},$$

$$\text{Zeitmaßstab } 1 \text{ mm} \triangleq \frac{1}{\omega} = 0{,}12 \text{ sek},$$

die größte Geschwindigkeit v_{II} wurde gemessen zu 8 mm, v_{max} ist also $8 \cdot 0{,}0335 = 0{,}267$ m/sek. Die für die Berechnung der Ventilfeder wichtige größte negative Beschleunigung b_{III} wurde gemessen zu 19,5 mm : $-b_{max} = 19{,}5 \times 0{,}28 = 5{,}45$ m/sek².

Geometrische Zusammenhänge.

I. Beweglichkeit und Zwanglaufbedingungen.

Die Bedingungen der Beweglichkeit von Getrieben bestehen in ganzzahligen Beziehungen zwischen der Zahl der Glieder n und der sie verbindenden Elementenpaare oder Gelenke g. Bei n-Gliedern muß ein Glied das Gestell bilden und es sind $n - 1$ Glieder beliebig beweglich. Um Starrheit $F=0$, d. h. Freiheitsgrad 0 zu erreichen, sind $3\,(n-1)$ Bewegungen zu verhindern[1]). Um einen beliebigen Freiheitsgrad zu erreichen, brauchen nur $3\,(n-1)\,F$ Bewegungen verhindert zu werden. Ein Gelenk mit Freiheitsgrad f verhindert $(3 - f)$ Bewegungen[2]). Für ein Getriebe mit g-Gelenken, das die oben angegebenen Bewegungsverhinderungen aufweisen soll, muß sein

(21 a) $$g\,(3 - f) = 3\,(n - 1) - F$$

oder (21 b) $$F = 3\,(n - 1) - g\,(3 - f)$$

worin $f = 1$ für Kurbelgetriebe mit sogenannten niederen Elementenpaaren (Rundgelenk, Schiebegelenk[3]), Schraubengelenk) und $f = 2$ für höhere Elementenpaare (Kurvenscheiben, Zahnräderpaarungen usw.). Für Kurbelgetriebe haben wir damit für Elementenpaare mit Freiheitsgrad $f = 1$

22 a) $$F = 3n - 3 - 2g$$

und für den Freiheitsgrad $F = 1$ (zwangläufige Getriebe)

---

1) Die Zahl 3 ergibt sich daraus, daß eine Gerade gegenüber einer anderen (ebenes Problem) analytisch durch 3 Bestimmungsgrößen festgelegt ist. Z. B. zwei Koordinaten x, y eines Punktes und eine Richtung, oder in Polarkoordinaten r, a und wiederum eine Richtung.

2) Es ist hier unterschieden zwischen (1) Freiheitsgrad eines Gelenkes f, (2) Freiheitsgrad des gesamten Getriebes F.

3) Auch Prismenpaar genannt.

$$(22\,b) \qquad 2g - 3n + 4 = 0$$

die sogenannte Grüblersche Zwanglaufbedingung.

Der Freiheitsgrad F eines Getriebes ist die Zahl der Ordinaten, die zur Bestimmung seiner Lage notwendig sind. Z. B. $F = 0$ starres Gebilde, $F = 1$ zwangläufiges Getriebe, $F = 2$ und mehr Ausgleich- oder Zweiggetriebe nach Kutzbach, wobei g = Anzahl der Drehgelenk- und Prismenpaare, n = Anzahl der Glieder.

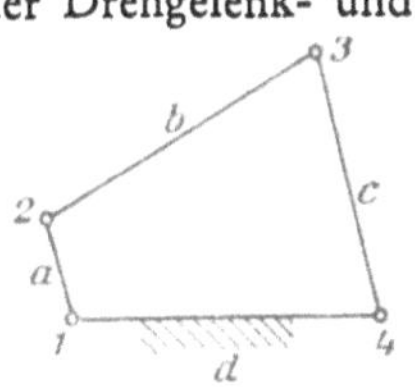

Fig. 83. Gelenkviereck (Schema), zwangläufig.

Die Gleichung setzt 1. voraus, daß kein Glied ausschließlich parallele Prismenpaare enthält, 2. Glieder mit nur 2 Prismenpaaren nicht unmittelbar verbunden sind und 3. in keiner geschlossenen Gliedergruppe weniger als 2 Drehgelenkpaare auftreten[1]).

Beispiele: Das Gelenkviereck besitzt $n = 4$ Glieder und $g = 4$ Gelenke, die Gleichung (22 b) ist also erfüllt (Fig. 83). Man erkennt, daß die Gleichung nur für geradzahlige n erfüllt ist, z. B. $n = 2$; 4; 6; 8. Für $n = 2$ ergibt sich $g = 1$ das Drehpaar; für $n = 4$ das Gelenkviereck; für $n = 6$; $g = 7$. Diese sechsgliedrigen Gelenkvierecke lassen sich in zwei Formen (Fig. 84a u. b) darstellen. Man erkennt zugleich, daß hier Glieder auftreten, die mehr als zwei Gelenke besitzen. Die achtgliedrigen Gelenkketten[2]) können bereits in zwölf verschiedenen Formen auftreten. Es treten in diesen Ketten Untergruppen mit einem oder mehreren Gelenkvierecken auf. Im allgemeinen lassen sich deshalb die meisten getrieblichen Aufgaben mittels Gelenkvierecken lösen.

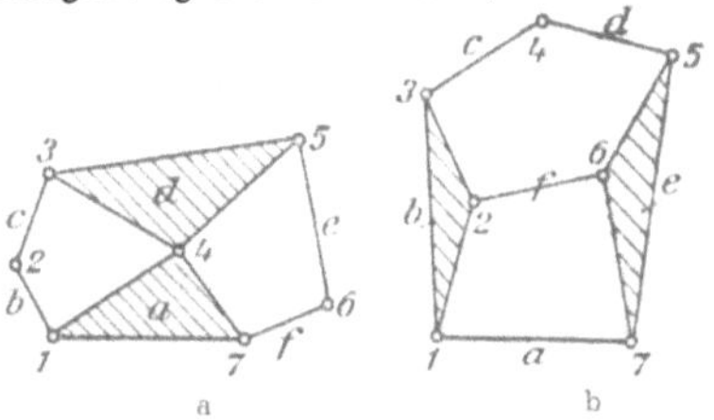

Fig. 84 a u. b. Die beiden Grundformen zwangläufiger sechsgliedriger Getriebe.

1) Treten in einem Getriebe höhere Elementenpaare auf, so denke man sich diese durch ein Ersatzgetriebe in niedere Elementenpaare umgewandelt (Beispiele siehe Abschnitt V, S. 97).

2) Siehe Getriebelehre II.

Ersetzt man in diesen Getrieben ein Drehgelenkpaar durch ein Prismenpaar (man stellt sich vor, daß ein Drehpunkt ins Unendliche rückt), dann bleibt die Zwangläufigkeit noch erhalten. Das Gelenkviereck geht z. B. in das ebenfalls zwangläufige Geradschubkurbelgetriebe über. Beim Ersatz mehrerer Gelenke durch Prismenpaare ist der oben angeführte Satz zu beachten. Beschränkt man die Betrachtungen nur auf Ketten mit Gliedern bis zu 4 Elementen und ist die Anzahl der Glieder mit 2 Elementen = n_2, mit 3 Elementen = n_3, mit 4 Elementen = n_4, so ist

$$n = n_2 + n_3 + n_4$$

und

$$2g = 2n_2 + 3n_3 + 4n_4$$

diese Gleichungen in (20) eingesetzt ergeben

$$(23a\ u.\ 23b) \qquad n_2 = n_4 + 4 \text{ und } n = 2n_2 + n_3 - 4$$

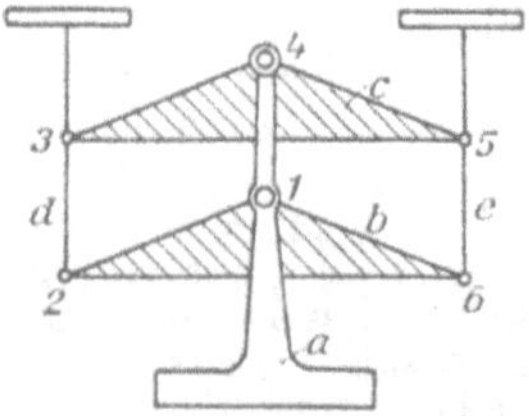

Fig. 85. Die Robervalsche Tafelwaage als Beispiel eines übergeschlossenen Getriebes.

Die Zahl der Glieder mit 2 Elementen eines zwangläufigen Getriebes ist mindestens 4 (bei $n_4 = 0$). Die Anzahl der Glieder mit 3 Elementen ist stets gerade.

Es gibt Ketten, die zwar zwangläufig beweglich sind und doch der Gleichung (22b) nicht genügen, wenn nämlich mehrere Glieder gleiche Abmessungen haben und parallele Bahnen beschreiben, man nennt diese Ketten übergeschlossen (Fig. 85, Robertvalsche Tafelwaage mit $n' = 5$, $g' = 6$), für derartige Ketten gilt

$$(22) \qquad g' > 3/2\ n' - 2.$$

Ausgleichgetriebe. Die Aufgabe eines Getriebes ist bekanntlich, eine Bewegung in eine andere umzuformen, dazu braucht das Getriebe eine Zu- und eine Ableitung (Antrieb und Abtrieb). Nun gibt es eine Reihe von Getrieben, die mehrere Zu- und Ableitungen besitzen. Diese Getriebe, von Kutzbach Zweiggetriebe genannt, sind bei Antrieb von einer Leitung aus nicht mehr zwangläufig, d. h. sie ergeben keine eindeutige Bewegung eines anderen Getriebegliedes, sondern sie verteilen diese Bewegung entsprechend den Widerständen gleichmäßig auf mehrere Glieder. Für diese Getriebe gilt die oben angeführte Gleichung (22a) unter Berücksichtigung, daß ein Zweiggetriebe mit z Leitungen den Freiheitsgrad $F = z - 1$ hat. Werden ferner das Gestell (das in diesem Fall ein beweglicher Rahmen sein kann) und die zur Einführung und Ableitung der Bewegungen dienenden z Leitungen nicht mitgezählt, so haben wir

$$n = z + 1 + s_2 + s_3 + s_4$$
$$g = z + s_3 + 2s_2 + s_4$$

in Gleichung (22 a) einzuführen und erhalten

$$F = z - s_2 + s_3 + 3s_4$$

in der Anzahl der Gelenke und Gliederscheiben, die nunmehr mit s_2, s_3 und s_4 bezeichnet werden, je nachdem sie 2, 3 und 4 Gelenke besitzen.

Führen wir die obige Beziehung $F = z - 1$ ein, so haben wir allgemein, d. h. unabhängig von der Anzahl der Leitungen z und des Freiheitsgrades F die Kutzbachsche Beziehung

(23) $s_2 = s_3 + 3s_4 + 1$.

Eine Voraussetzung ist, daß das s_4-Glied nur mittelbar durch ein s_2-Glied mit einer Leitung verbunden werden darf, dies gilt jedoch nicht für die s_3-Glieder.

Diese Gleichung sagt nichts über die Abmessungen der Glieder und insbesondere nichts über das Gestell oder den Rahmen aus, in dem die Leitungen gelagert sind. So kann der Rahmen selbst auch beweglich sein. Sie ist auch unabhängig von der Zahl der Leitungen z.

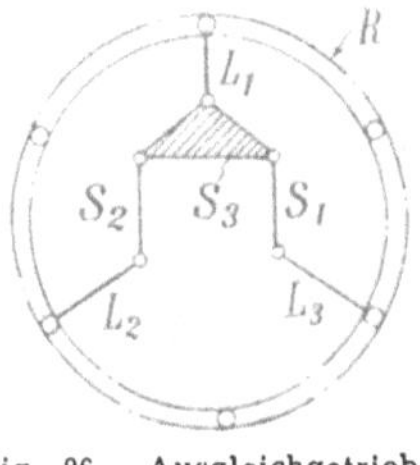

Fig. 86. Ausgleichgetriebe für drei Leitungen mit nur einem dreifachen Glied s_3.

Beispiel I: In einem Ausgleichgetriebe mit drei Leitungen soll nur ein s_3-Glied enthalten sein. Lösung Bild 86. Nach Formel 23 erhalten wir für $s_4 = 0$ und $s_3 = 1$; $s_2 = 2$. Eine symmetrische Anordnung ergibt sich, wenn Leitung L_1 das s_3-Glied trägt und die Leitungen L_1 und L_2 mit je einem

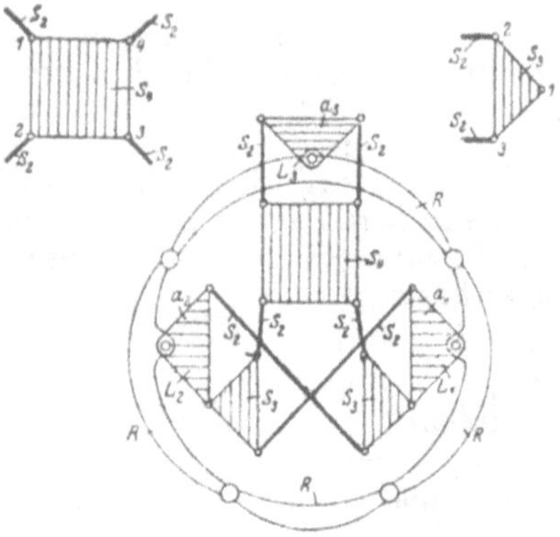

Fig. 87. Zwölfgliedriges Ausgleichgetriebe (nach R. Beyer).

s_2-Glied verbunden werden; die freien Enden werden nun mit den beiden freien Gelenken des s_3-Gliedes verbunden.

Beispiel II: Fig. 87 zeigt ein Beispiel für 3 Leitungen L_1, L_2 und L_3, die als dreifache Glieder eingezeichnet sind und zusammen mit dem ebenfalls mehrfach beweglich dargestellten Rahmen in der Beziehung (23) nicht mitzählen. Es sind demnach $s_3=2$, $s_4=1$, und es folgt aus Gleichung (23) $s_2=6$, die Bedingung ist also erfüllt.

Eine besondere Theorie der Kurbelgetriebe ist von W. Lynen und G. Marx[1]) entwickelt worden. Es wird zwischen Getrieben „im losen Aufbau" (Bogenschubkurbel-Einkurbelgetriebe, erweitert zu Zwei- und Dreikurbelgetrieben, die letzteren mit 2 und mehr Freiheitsgraden) und Getrieben „im gebundenen Aufbau" (Mehrkurbelgetriebe mit einem Freiheitsgrad, d. h. zwangläufig) unterschieden. Für diese Getriebe und deren Ableitungen werden die Bewegungsgesetze, Geschwindigkeiten und Beschleunigungen und Kräfte in systematischer Weise entwickelt.

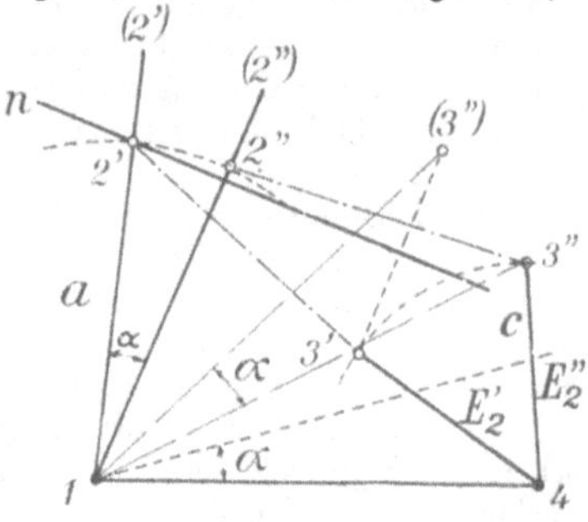

Fig. 88. Zuordnung zweier Lagen der Schwingen bei einem Gelenkviereck mit gegebenem Steg.

1) Siehe Abschnitt Bewegungslehre der Getriebe, Hütte Bd. I 27. Aufl. S. 434, 1948.

II. Konstruktion von Gelenkgetrieben.

a) Allgemeines.

Im folgenden werden einige wichtige Aufgaben zur Konstruktion von Gelenkgetrieben behandelt. Je nach Art des Getriebes und Anzahl seiner Glieder ist die Freiheit in der Wahl der Gliedabmessungen beschränkt, so kann man beim Gelenkviereck (Fig. 89) an sich die Gliedlängen *a*, *b*, *c* und *d* beliebig wählen, bei der Geradschubkurbel kann man nurmehr Kurbelhalbmesser *a* und Pleuelstangenlänge *b* wählen, während bei der Kreuzschleife mit Wahl des Kurbelhalbmessers *a* bereits der gesamte Bewegungsvorgang bestimmt ist, sofern noch die Geschwindigkeit eines Punktes bekannt ist. So können bei der Geradschubkurbel bei gegebenem Kurbelhalbmesser und gegebener Drehzahl die Geschwindigkeiten und Beschleunigungen des Gleitsteines durch entsprechende Wahl der Pleuelstangenlänge *b* noch in bestimmtem Maße abgeändert werden; ist dies geschehen, so bestehen weiter keine Freiheiten oder Möglichkeiten der Abänderung mehr. Beim Gelenkviereck hat man also, sofern nicht besondere einschränkende Bedingungen gestellt werden, die größte Freiheit in der Wahl der Abmessungen, es wird deshalb für die verschiedensten Bewegungsvorgänge benutzt. Auch Getriebe mit einer größeren Anzahl Glieder lassen sich vielfach auf Gelenkvierecke zurückführen.

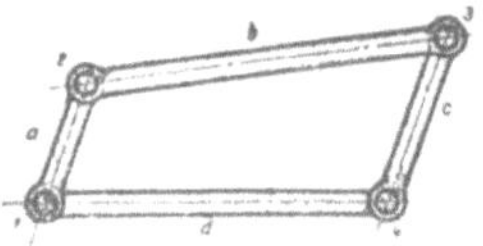

Fig. 89. Gelenkviereck, das als Bogenschubkurbel verwendet werden kann.

Lagenzuordnungen. Die Aufgabe kann gestellt werden, daß zwei um feste Drehpunkte schwingende Glieder *a* und *c* durch eine feste Koppel *b* zu verbinden sind. Auf elementare Weise läßt sich diese Aufgabe für zwei und drei Stellungen der Schwingen *a* und *c* wie folgt lösen. Wenn nur zwei zugeordnete Lagen gegeben sind, sei angenommen, daß die Länge *c* gegeben ist, während die Länge *a* zu bestimmen ist. Die beiden Stellungen (2′) und (2″) der Schwinge *a* schließen den Winkel α ein (Fig. 88). Wir bestimmen einen Punkt (3″) der durch Rückdrehung des Gestells *d* und der Schwinge *c* in die erste Stellung (2′) erhalten wird, d. h. entsprechend einer Rückdrehung der Schwinge von Lage (2″) in Lage (2′). Zu diesem Zwecke muß Punkt 3″ um den Winkel $\alpha = \sphericalangle$ (2′) 1 (2″) gedreht werden mit 1 als Scheitel. Die Mittelsenkrechte zu 3′ (3″) schneidet den freien Schenkel (2′) in 2′, dem Gelenkpunkt der Koppel. Die Koppellänge ist gleich 2′3′. Diese von Grübler (Schrifttum 9, S. 108—110) angegebene Lösung läßt sich auch auf drei zugeordnete Lagen ausdehnen, indem man nunmehr die Mittelsenkrechten sowohl für die erste und zweite als auch die zweite und dritte (oder erste und dritte) Lage bestimmt. Der Schnittpunkt beider Mittelsenkrechten bestimmt dann den Koppelgelenkpunkt. Für 4 und mehr zugeordnete Lagen läßt sich diese Aufgabe mittels der von Burmester (Schrifttum 4) angegebenen Mittelpunkt- und Kreispunktkurven lösen. Die Behandlung dieser Kurven ist außerhalb des Rahmens dieses Bändchens.

b) Beweglichkeit und Totlagen.

Damit die vier Glieder *a, b, c, d* zu einem Gelenkviereck zusammengeschlossen werden können, müssen die beiden Ungleichheiten bestehen

(24 a u. b) $\quad a + b + c > d$

und $\quad a + c + d > b\,.$

Diese Bedingung genügt, um ein Getriebe zu erzeugen, bei dem bei Aufstellung auf ein Glied die beiden an ihm angelenkten Glieder eine Schwingbewegung ausführen.

Man fordert jedoch vielfach, daß ein Glied eine vollständige Drehbewegung ausführt. Dieser Drehbewegung entspricht eine Schwingbewegung des anderen im Gestell gelagerten Gliedes (Bogenschubkurbel oder Kurbelschwinge) oder ebenfalls eine Drehbewegung, im allgemeinen mit etwas abgeändertem Bewegungsspiel (Doppelkurbel).

Soll Glied *a* eine vollständige Drehbewegung ausführen so gelten noch die folgenden Bedingungen:

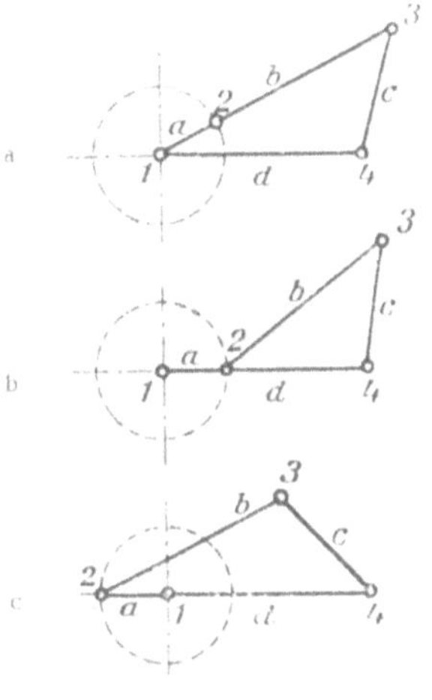

Fig. 90 a—c. Die Deck- und Strecklagen des Gelenkviereckes zeigen an, ob ein vollständiger Umlauf der Kurbel möglich ist.

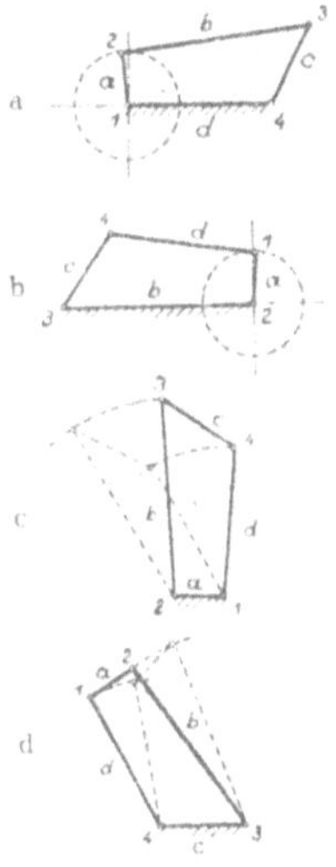

Fig. 91 a—d. Die vier verschiedenen Aufstellungen des umlaufenden Gelenkviereckes. a, b Bogenschubkurbel (Kurbelschwinge), c Doppelkurbel, d Doppelschwinge.

1. $a + b < c + d$ Fig. 90 a[1]).

2. $\left.\begin{array}{ll}\alpha)\ a & < d \\ \beta)\ c & < b\end{array}\right\} +$ Fig. 90 b.

$\alpha + \beta)\ a + c < d + b$

(25) 3. $a + d < b + c$ Fig. 90 c.

Aus den 3 Ungleichungen folgt, daß *a* stets das kleinste Glied der Kette sein muß (Satz von Grashof)[2]).

1) Fig. 90 u. 91 nach AWF 602, Bogenschubkurbel.
2) Jedoch bereits von R. Willis (1841) ausgesprochen.

Wird eine solche Kette auf die Glieder *d* oder *b* aufgestellt, so erhält man das mit Bogenschubkurbel oder Kurbelschwinge (Fig. 91 a u. b) bezeichnete Getriebe. Glied *a* führt vollständige Drehungen aus, während Glied *c* eine hin- und hergehende Bewegung ausführt.

Bei Aufstellung auf dem kleinsten Glied *a* entsteht die Doppelkurbel (Fig. 91 c), Glied *b* und Glied *d* laufen vollständig um.

Läuft *b* mit gleichförmiger Winkelgeschwindigkeit um, so beschleunigt und verzögert sich die Bewegung des Gliedes *d* zeitweilig.

Die dritte und letzte Aufstellungsart ist die auf Glied *c*. Hier können die Glieder *b* und *d* nur Schwingbewegungen ausführen, weshalb das Getriebe den Namen Doppelschwinge (Fig. 91 d) erhalten hat. Dabei macht das Glied *a*, das jetzt als Koppel dient, während eines Bewegungsspiels einen vollen Umlauf.

c) Bogenschubkurbel oder Kurbelschwinge (Fig. 92).

Während eines vollen Umlaufes der Kurbel *a* macht Punkt 3 der Schwinge *c* eine Hin- und Herbewegung. Er führt dabei den Weg oder Hub s = 3′3″ zweimal aus. Den Umkehrpunkten 3′ und 3″ entsprechen die Totlagen 2′ und 2″ der Kurbel *a*. Man findet Punkt 3′ durch Kreisschlagen mit der Strecke $(b + a)$; Punkt 3″ durch Kreisschlagen mit der Strecke $(b—a)$ um Gelenkpunkt 1. Beim Hingang wird der Kurbelwinkel α_1, beim Rückgang der Kurbelwinkel α_2 zurückgelegt; beide Winkel sind verschieden groß, infolgedessen sind auch die mittleren Geschwindigkeiten auf beiden Wegen verschieden. Die Winkel α_1 und α_2 werden bei der zentrischen Bogenschubkurbel, wo 13″3′ in einer Geraden liegen, gleich, und zwar je 180°.

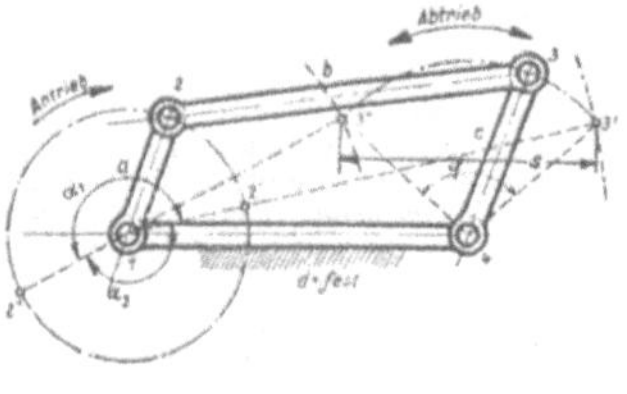

Fig. 92. Bogenschubkurbel (Kurbelschwinge) in ihren Endstellungen.

Bei der Ermittlung von Abmessungen von Bogenschubkurbeln wird im allgemeinen das Gestellglied d gegeben sein und der Schwingenwinkel oder der Hub $s = 2c \sin\frac{\varphi}{2}$, Sind z. B. die Punkte 1, 4, 3″ und 3′ gegeben (Fig. 93), so lassen sich die Kurbellänge a und die Koppellänge b auf sehr einfache Art ermitteln, indem man $\overline{13''}$ und $\overline{13'}$ verbindet und die Länge $\overline{13''} = b - a$ auf $\overline{13'} = b + a$ überträgt. Der Abstand $\overline{53'} = 2a$ ist der Kurbeldurchmesser. Durch Halbieren der Strecke finden wir Punkt 6; 16 = b ist die Koppellänge[1]).

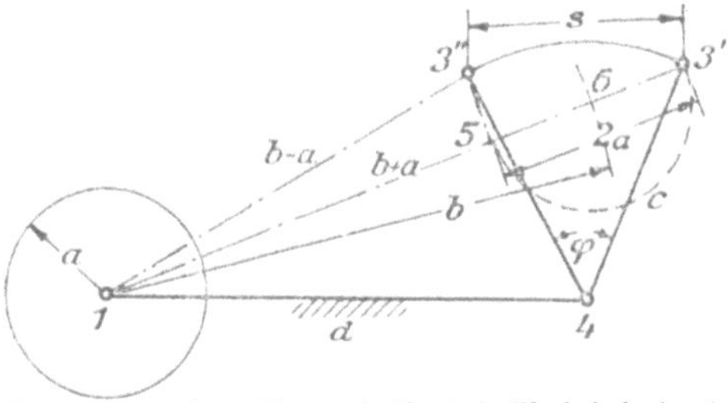

Fig. 93. Bestimmung einer Bogenschubkurbel (Kurbelschwinge), wenn d, φ und s gegeben.

Eine grundsätzliche Aufgabe ist, eine Bogenschubkurbel zu konstruieren, deren Steg $\overline{14} = d$ gegeben ist, sowie die Winkel φ und α_1 [2]); ähnliche Lösungen sind von H. Alt[3]) und H. Wanckel angegeben worden. Die Aufgabe ist, die Gliedlängen a, b, c (Fig. 94) zu bestimmen. Nach Wanckel legt man an $\overline{14} = d$ in 4 den Winkel π an und halbiert ihn. Die Winkelhalbierende sei m, der freie Schenkel g. In Punkt 1 trägt man ebenfalls an $\overline{14}$ den Winkel $\varphi/2$ an. An den freien

1) Eine andere geometrische Lösung (für eine um 90° gedrehte Ofentür) siehe R. Kraus, Schrifttum 30, S. 54. Weiterhin werden Lösungen für Gelenkvierecke mit 2 und 3 zugeordneten Winkelpaaren der Kurbel und Schwinge angegeben.

2) Im folgenden nur mit α bezeichnet, da dieser Winkel sowohl α_1 als auch $\alpha_2 = 180 - \alpha_1$ sein kann. Fig. 94 nach AWF 604, Konstruktion von Bogenschubkurbeln.

3) H. Alt: Über die Totlagen von Getriebegliedern Maschinenbau/Betrieb Bd. 19, 1940, S. 173—176 (Getriebetechn. Bd. 8. 1940, S. 17—20).

Schenkel dieses Winkels trägt man nach beiden Seiten den Ergänzungswinkel $\alpha' = 180 - \alpha$ bzw. $\alpha' = \alpha - 180°$ (je nachdem, ob $\alpha \gtreqless 180°$) an. Die freien Schenkel der Winkel α' schneiden m in M_1 und M_2. Um diese Punkte schlägt man mit $\overline{1M_1}$ bzw. $1M_2$ Kreise, die den Schenkel g im Punkte 5

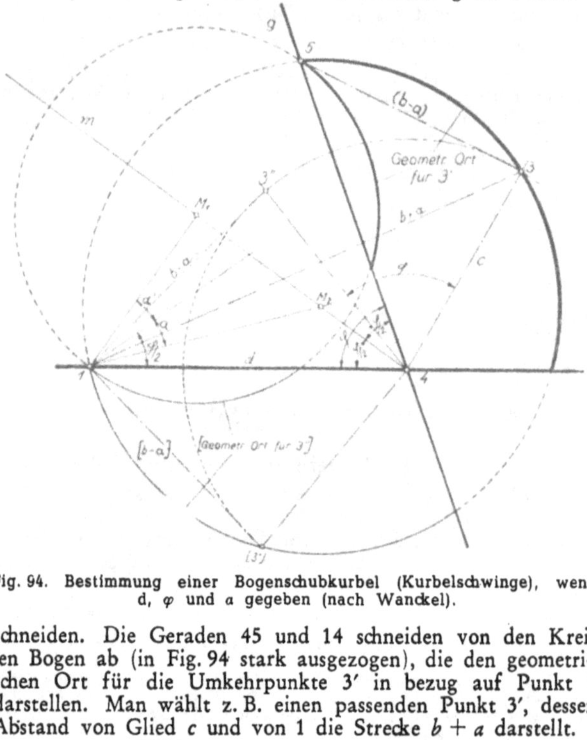

Fig. 94. Bestimmung einer Bogenschubkurbel (Kurbelschwinge), wenn d, φ und a gegeben (nach Wanckel).

schneiden. Die Geraden 45 und 14 schneiden von den Kreisen Bogen ab (in Fig. 94 stark ausgezogen), die den geometrischen Ort für die Umkehrpunkte 3′ in bezug auf Punkt 1 darstellen. Man wählt z. B. einen passenden Punkt 3′, dessen Abstand von Glied c und von 1 die Strecke $b + a$ darstellt.

Der Abstand $\overline{3'5}$ ist $= b - a$, und man findet durch Schlagen eines Halbkreises $b - a$ um 1 auf dem Kreis um 4 mit $\overline{43'}$ den zweiten Umkehrpunkt 3″. Aus $b + a$ und $b - a$ ermittelt man a und b wie in Fig. 93. Man kann den Punkt 3′

beliebig wählen (stark ausgezogene Linie), jedoch möglichst nicht in der Nähe der Grenzpunkte, da sich hier durchschlagende Kurbeltriebe ergeben, die praktisch nicht verwendbar sind.

Von Wanckel wurden noch weitere Konstruktionen angegeben, wenn neben Steg d und Schwingenwinkel φ die Koppellänge b oder Kurbellänge a gegeben sind (siehe AWF 604, Konstruktion von Bogenschubkurbeln). Da bei diesen Ermittlungen immer noch die Länge eines Gliedes, z. B. c in Fig. 94,

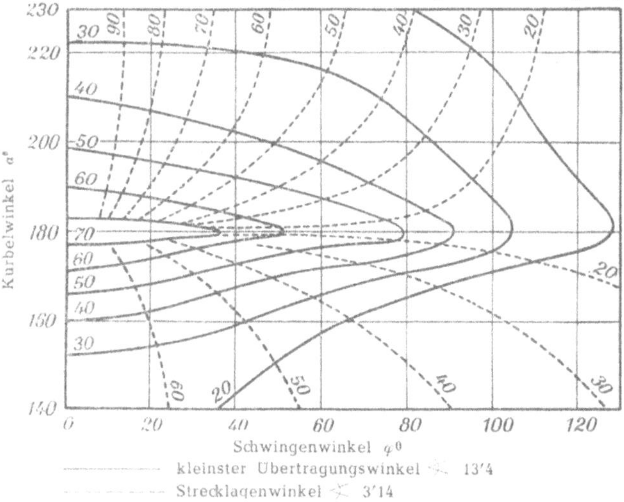

Fig. 95. Kurventafel zur Bestimmung der günstigsten Kurbelschwinge für gegebene Schwingenwinkel φ und Kurbelwinkel ψ (nach H. Alt).

frei angenommen wird, können auch Getriebe ermittelt werden, bei denen 4 Größen, z. B. d, φ, α und a, gegeben sind.

Bei der Konstruktion von Gelenkgetrieben ist darauf zu achten, daß der von einem treibenden und einem getriebenen Glied eingeschlossene Winkel, d. h. der Übertragungswinkel μ, Werte von 45° für langsamlaufende Getriebe und 60° für schnellaufende Getriebe nicht unterschreitet. Der kleinste Übertragungswinkel der Bogenschubkurbel min μ tritt in der äußeren Umkehrstellung 3′ auf (s. Fig. 93). H. Alt (Fußnote 3 S. 115) hat eine Kurventafel zur Bestimmung der günstigsten Kurbelschwinge für gegebenen Schwingenwinkel φ und Kurbelwinkel α entwickelt (Fig. 95).

d) Doppelkurbel (Fig. 96).

Bei Aufstellung des Gelenkvierecks auf seinem kleinsten Gliede *a* machen die Glieder *b* und *d* vollständige Umläufe (Fig. 96). Während des Drehwinkels folgt Kurbel *b* der Kurbel *d*, während sich im Drehwinkelbereich α_1 die beiden Kur-

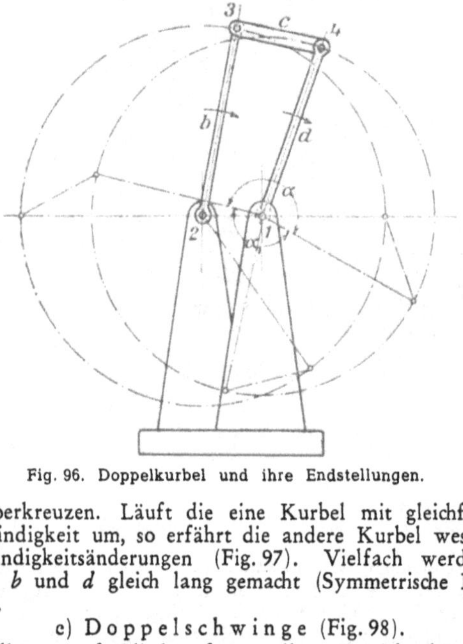

Fig. 96. Doppelkurbel und ihre Endstellungen.

beln überkreuzen. Läuft die eine Kurbel mit gleichförmiger Geschwindigkeit um, so erfährt die andere Kurbel wesentliche Geschwindigkeitsänderungen (Fig. 97). Vielfach werden die Glieder *b* und *d* gleich lang gemacht (Symmetrische Doppelkurbel).

e) Doppelschwinge (Fig. 98).

Bei diesem auf Glied *c* festgestellten Getriebe können die Glieder *b* und *d* nur Schwingungen ausführen. Dagegen führt das kleinste Glied *a* eine vollständige Drehbewegung aus. In Fig. 98 a ist die Ermittlung der Umkehrpunkte 2′ und 2″ des

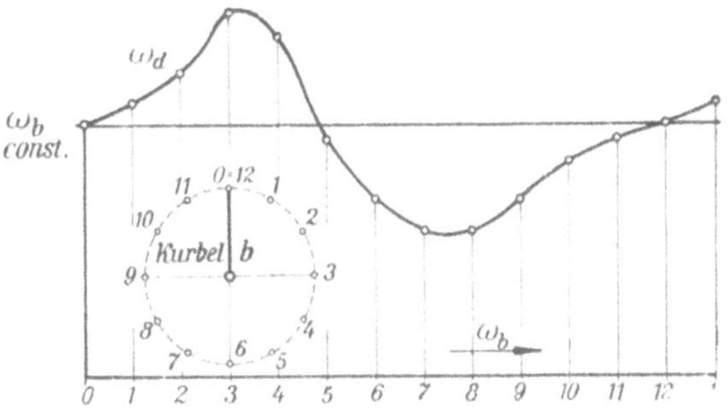

Fig. 97. vt-Schaubild der Doppelkurbel Fig. 96.

Gliedes b durch Schlagen von Kreisen mit $d-a$ und $d+a$ um 4 gezeigt. In Fig. 98 b das gleiche für die Umkehrpunkte 1′ und 1″ für das Glied d. Zwischen den Umkehrpunkten liegen die Schwingenwinkel φ bzw. φ'. Fig. 98 b zeigt eine überkreuzte Lage des Getriebes.

f) Sonderfälle.

Sonderfälle, die getrieblich eine erhebliche Bedeutung besitzen, treten dann ein, wenn einige Glieder gleiche Abmessungen erhalten.

Parallelkurbeln. Werden im Gelenkviereck zwei gegenüberliegende Glieder gleich groß ($a=c$, $b=d$), so entstehen die sogenannten Parallelkurbeln (Fig. 99), bei denen die beiden im Gestell gelagerten Glieder vollständige Drehungen ausfüh-

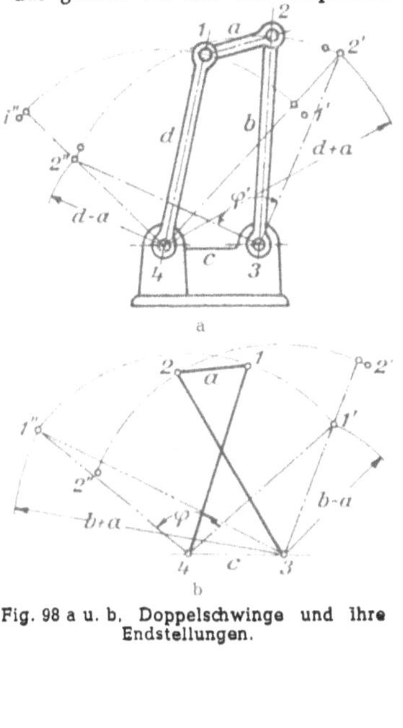

Fig. 98 a u. b. Doppelschwinge und ihre Endstellungen.

ren. In den 2 Decklagen des Getriebes, wenn sämtliche 4 Drehpunkte in eine Gerade fallen, kann das Getriebe durchschlagen, es können dann die

Antiparallelkurbeln (Fig. 99) entstehen, deren Polbahnen

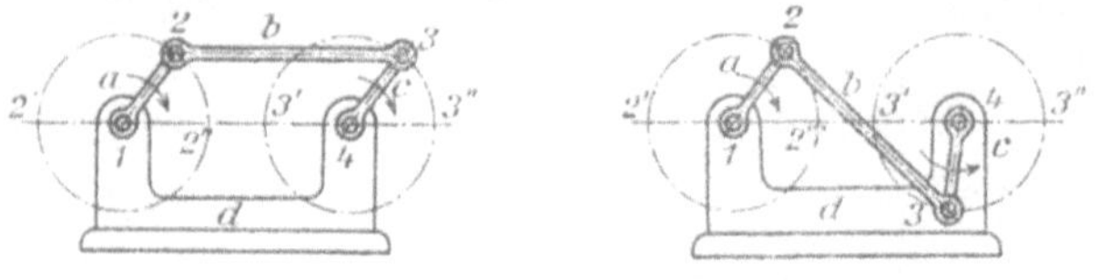

a b

Fig. 99 a u. b. Parallelkurbelgetriebe (a) und das gleiche Getriebe in durchgeschlagener Stellung (b) Antiparallelkurbelgetriebe.

Ellipsen oder Hyperbeln sind. Man erhält bei diesem Getriebe die gleiche Bewegungsübertragung wie durch elliptische Stirnräder.

Gleichschenkliges Gelenkviereck. Werden im Gelenkviereck zwei nebeneinanderliegende Glieder gleich, $a = b$,

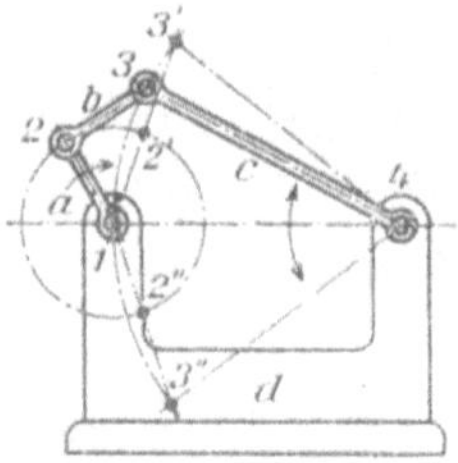

Fig. 100. Gleichschenkliges Gelenkviereck, aufgestellt auf großem Glied.

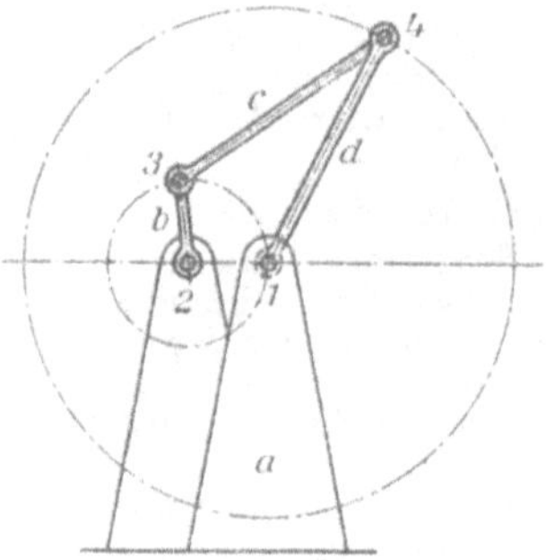

Fig. 101. Gleichschenkliges Gelenkviereck, aufgestellt auf kleinem Glied.

$c = d$, wobei noch immer $a < d$, so entsteht bei Aufstellung auf c oder d die g l e i c h s c h e n k l i g e B o g e n s c h u b - k u r b e l (Fig. 100). Der Schwingenpunkt 3 macht hier eine Bewegung gleich dem vierfachen Kurbelhalbmesser. Das Getriebe besitzt ebenfalls zwei zwanglose Lagen, wenn sämtliche

Gelenkpunkte in eine Gerade fallen. Bei Aufstellen auf das kleine Glied $a = b$ entsteht die gleichschenklige Doppelkurbel (Fig. 101). Zu einer Umdrehung der Kurbel d gehören 2 Umdrehungen der Kurbel b, das Getriebe ergibt also eine Übersetzung 1:2, wobei es nicht notwendig ist, daß die kurzen zu den langen Gliedern sich verhalten wie 1:2.

III. Koppelbewegungen.

Während die im Gestell festgelagerten Glieder Dreh-, Schwing- und Schiebebewegungen diesem gegenüber ausführen, beschreiben die Glieder von Kurbelgetrieben, die keine feste Drehachse oder Führung im Gestell besitzen, sogenannte Koppelkurven. Nur in Sonderfällen, d. h. wenn die Getriebeglieder bestimmte Abmessungen haben, gehen die Koppelkurven in geometrisch einfache Linien (Kreise, Ellipsen und auch gerade Linien) über; im allgemeinen sind die Koppelkurven höheren Grades. Die Theorie der Koppelkurven ist eingehend studiert worden[1]), es ergeben sich bei den verschiedenen Kurbelgetrieben sehr interessante Formen, die in vielen Fällen technisch verwertet werden können.

Es bestehen zwei unterschiedliche Aufgaben:

1. Bei einem gegebenen Getriebe eine für eine bestimmte Aufgabe geeignete Koppelkurve herauszufinden.
2. Zu einer ihrer Form nach gegebenen Koppelkurve ein geeignetes Getriebe zu ermitteln.

Die Aufgabe 1 wird gelöst durch Hilfseinrichtungen, die von K. Rauh und W. Jahr angegeben wurden. Man wählt (Fig. 102) als Gestell des Getriebes (z. B. Bogenschubkurbel) ein lichtempfindliches Papier, die im Gestell drehbaren Glieder, Kurbel a und Schwinge c, macht man aus 2—3 mm starkem durchsichtigen Kunststoff. Als Koppel wählt man einen lichtundurchlässigen Karton, den man mit einer rechteckigen Netzeinteilung versieht, die Kreuzungspunkte sticht man mit der Zirkelspitze durch. Die Glieder verbindet man mit Reißzwecken oder Druck-

[1]) Siehe z. B. Schrifttum 4. 18. 19. 23. 30.

knöpfen. Setzt man nun das Getriebe einer künstlichen Lichtquelle aus, während man die Kurbel langsam dreht, so beschreibt jeder der durchstochenen Punkte der Koppelebene eine Koppelkurve. Jahr benutzt die getriebliche Umkehrung des ursprünglichen Getriebes und erhält so eine Einrichtung, bei der die Lochplatte (Koppelebene) feststeht und das ursprüngliche Gestell mit dem lichtempfindlichen Papier umläuft.

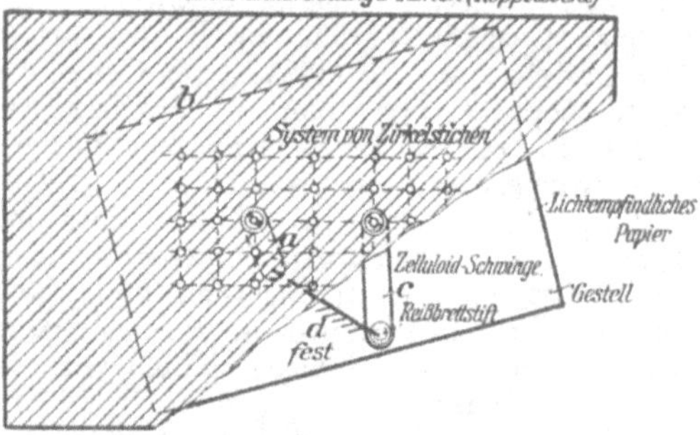

Fig. 102. Einrichtung zur selbsttätigen Registrierung der Koppelkurven einer Bogenschubkurbel (Kurbelschwinge).

Auf diese Weise erhält man einen Überblick, welche Kurven einzelne Punkte der Koppelebene eines gegebenen Getriebes beschreiben und der Konstrukteur kann sich eine Koppelkurve aussuchen, die für seine Zwecke geeignet ist. Er kann sich jetzt auch für Zwischenpunkte eine noch besser passende Kurve heraussuchen.

Je nach Art des Getriebes, seinen Abmessungen und ihrer Lage nehmen die Koppelkurven verschiedenartige Gestalt an (s. Fig. 103: Koppelkurven einer annähernd zentrischen Bogenschubkurbel; Fig. 104: Koppelkurven einer Doppelschwinge).

Für einige praktische Anwendungen ist es wichtig, Koppelkurven mit Spitzen aufzufinden. Da man sich die Bewegung des Getriebes ersetzt denken kann durch das Abrollen von Polbahnen aufeinander (s. Ab-

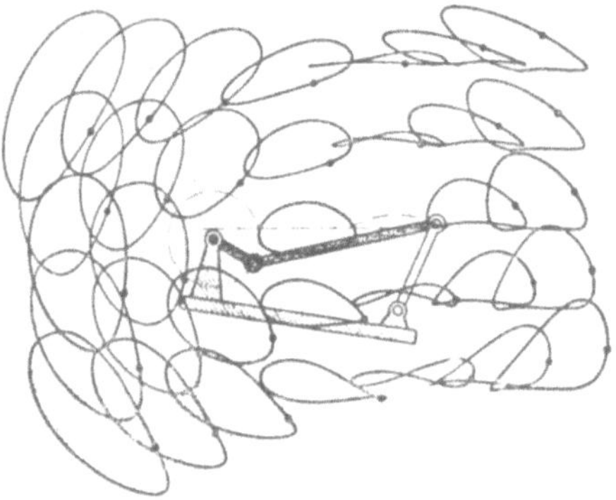

Fig. 103. Koppelkurven einer Bogenschubkurbel (nach K. Rauh).

schnitt II b Seite 31), ist es klar, daß nur Punkte auf der Gangpolbahn (die mit dem Koppelglied fest verbunden gedacht wird) derartige Spitzen beschreiben (Koppelkurven K_1 und K_2, Fig. 105), während Punkte, die innerhalb oder außerhalb liegen, abgeflachte Kurven oder Schleifen ergeben (vgl. die Analogie zu den Zykloiden, s. Fig. 37, Seite 51, und Fig. 25, Seite 36). Hinsichtlich der Krümmungsverhältnisse der Koppelkurven ist zu beachten, daß der jeweilige Krümmungsmittelpunkt der Koppelkurve, z. B. K_3, auf dem Polstrahl, z. B. $4R_4$ liegt. Zwei benachbarte Polstrah-

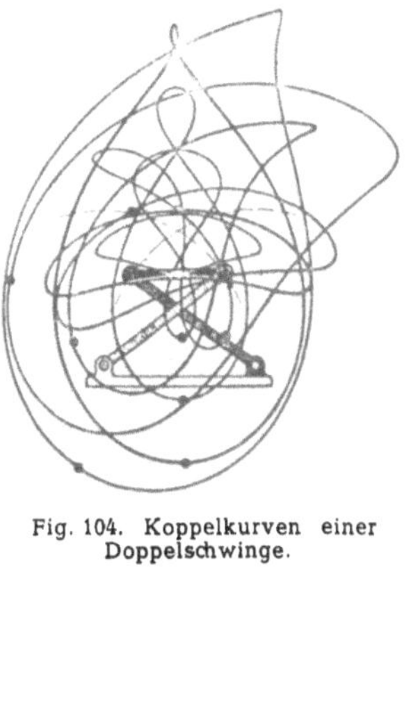

Fig. 104. Koppelkurven einer Doppelschwinge.

len schneiden sich in einem Punkt, den man annäherungsweise als Krümmungsmittelpunkt der Koppelkurve ansehen kann. Schneiden sich drei benachbarte Polstrahlen, z. B. 11, 12, 1, in einem Punkt, so ist das ein Anzeichen, daß die Koppelkurve gut durch einen Kreis angenähert wer-

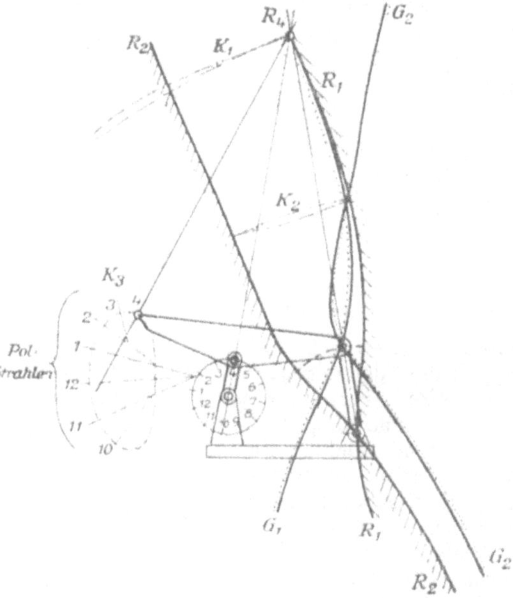

Fig. 105. Polbahnen einer Bogenschubkurbel (Kurbelschwinge) mit Doppelkurven mit Spitzen.

den kann. Laufen die Polstrahlen annähernd parallel, so ist die Koppelkurve angenähert eine Gerade.

Koppelkurven mit Spitzen und gut angenäherter Kreisbogenform werden zur Erzeugung von Stillständen von Getriebegliedern benutzt. Man befestigt an dem betreffenden Punkt der Koppel einen

Hebel, dessen Länge dem Krümmungshalbmesser entspricht, und verbindet ihn mit einer im Gestell festgelagerten Schwinge[1]). Es entsteht so ein sechsgliedriges Getriebe (Fig. 106). Durchläuft jetzt der Koppelpunkt die entsprechend gekrümmte Stelle, so bleibt die Schwinge während mehrerer Zeitabschnitte in Ruhe. Geht der Bogen der Koppelkurve in eine Spitze über, so tritt der Stillstand in einem Umkehrpunkt der Schwinge ein, was häufig erwünscht ist. Weist die Koppelkurve zwei Stellen

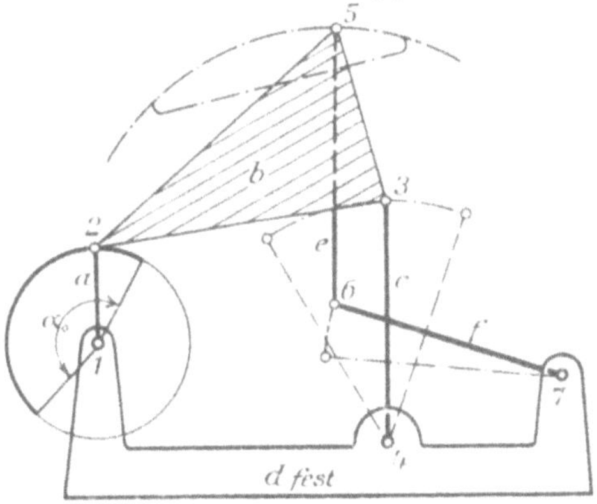

Fig. 106. Stillstandgetriebe, erhalten durch Benutzung einer Koppelkurve mit Annäherung an einen Kreis und Erweiterung des Getriebes durch zwei miteinander verbundene Glieder (Zweischlag).

mit gleicher Krümmung auf, so bleibt die Schwinge an zwei Stellen in Ruhe (zwei Stillstände).

Gerade Abschnitte von Koppelkurven werden zu Gelenk-Geradführungen verwandt. Da die Geradführung nur ein Teil der Koppelkurve ist, kann diese nicht voll durchlaufen werden, und diese Geradführungen können nur bei Schwinggetrieben ausgenutzt werden. Als

1) Die zur Erweiterung des Gelenkviereckes *a*, *b*, *c*, *d* dienende Stangenverbindung *e* und *f* wird im neueren Schrifttum vielfach als „Zweischlag" bezeichnet (siehe G. Marx S. 110).

Beispiel diene der in Fig. 107 gezeigte Robertsche Dreiecklenker[1]).

(Weiteres über Lenker-Geradführungen s. Getriebelehre Bd. II und AWF 627). Gerade Abschnitte von Koppelkurven können ebenfalls für zeitweilige Stillstände ausgenutzt werden, indem man an Stelle der beiden Hebel *e* und *f* eine Schleife (Kulisse) *h* wählt (Fig. 108), deren Schwingrichtung mit dem Abschnitt der Geraden zusammenfallen kann, dann bewegt sich Gleitstein *i* längs der Geraden und die Schleife bleibt mehrere Zeitabschnitte in Ruhe. An Stelle der Schwingschleife kann auch ein Kreuzschieber benutzt werden.

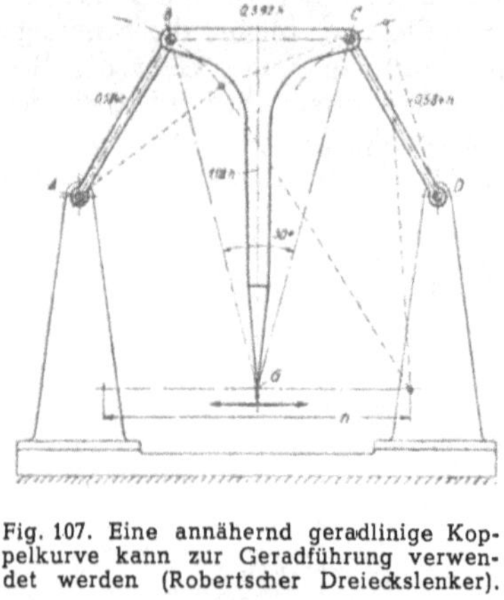

Fig. 107. Eine annähernd geradlinige Koppelkurve kann zur Geradführung verwendet werden (Robertscher Dreieckslenker).

Die 2. Aufgabe, zu einer der Form (und gegebenenfalls Lage) nach gegebenen Koppelkurve ein geeignetes Getriebe zu ermitteln, ist eine schwieriger zu lösende Aufgabe. Um eine Übersicht über die verschiedenartigen Formen der Koppelkurven überhaupt zu gewinnen, hat man vorgeschlagen, mit Hilfe der auf S. 121 beschriebenen

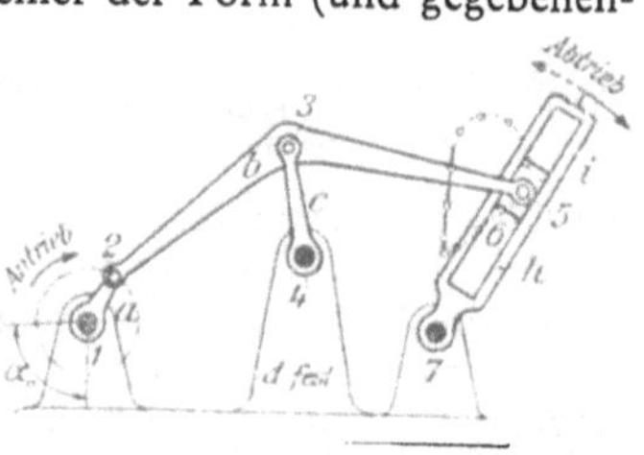

Fig. 108. Eine Koppelkurve mit Spitzen und annähernd geradlinigem Verlauf kann zum Stillstand einer Schleife in zwei Endstellungen benutzt werden.

1) Nach AWF 627, Lenkergeradführungen.

Hilfseinrichtungen einen Atlas von Koppelkurven[1]) aufzustellen. An Hand einer solchen Zusammenstellung könnte der Konstrukteur versuchen, das zu seiner Kurve geeignete Getriebe bestimmter Abmessungen herauszusuchen.

Diese Aufgabe läßt sich auch getriebegeometrisch lösen, indem eine beliebige Kurve, gegeben durch die Anzahl auf ihr liegender Punkte, angenommen wird. Die Getriebesynthese (siehe Einleitung S. 8) hat nun Hilfsmittel entwickelt, um ein Gelenkviereck zu ermitteln, von dem ein Koppelpunkt eine derartige Bahn beschreibt. Ist nur eine beschränkte Anzahl von Punkten gegeben, so können noch andere Bedingungen erfüllt werden, z. B. können neben 4 Lagen des Koppelpunktes noch die beiden Steggelenke gegeben sein[2]). Weiterhin können z. B. 4 Lagen der Koppelpunkte 4 bestimmten Lagen der Kurbel zugeordnet werden[3]). Weitere Aufgaben lassen sich durch die von L. Burmester (Schrifttum 4) angegebenen Mittelpunkts- und Kreispunktskurven lösen. Die Mittelpunktskurve ist der geometrische Ort aller Mittelpunkte von Kreisbögen, auf denen Koppelpunkte in vier gegebenen Lagen der Koppel liegen, während die Kreispunktkurve der geometrische Ort aller Punkte ist, die in vier Koppellagen auf einem Kreisbogen liegen[4]). K. Hain[5]) hat weiterhin in seinem Verfahren der Punktlagenreduktion die Möglichkeit gegeben, unter gewissen Voraussetzungen Getriebe mit mehr einander zugeordneten Winkeln oder Lagen zu entwickeln, als es mit der Mittelpunkts- oder Kreispunktskurve möglich ist.

---

1) Kürzlich ist ein Atlas dieser Art in Amerika veröffentlicht worden: J. A. Hrones, C. L. Nelson. Analysis of the fourbar linkage. 730 S. illustr. J. Wiley & Sons, New York 1951.

2) Siehe R. Kraus, Schrifttum 30, S. 57

3) Siehe R. Kraus, Schrifttum 30, S. 58.

4) Die Anwendung dieser Verfahren setzt wesentliche Geschicklichkeit im geometrischen Zeichnen voraus und darf für Leser dieses Bändchens als zu weitgehend vorausgesetzt werden.

5) Siehe K. Hain, Punktlagenreduktion als getriebesynthetisches Hilfsmittel, Getriebetechnik - Reuleaux - Mitteilungen Bd. 11. 1943. R1—R3. außerdem Bd. 12. 1944. R17—R20.

Die Punktlagenreduktion sei an einem von K. Hain angegebenen Beispiel handelt. In Fig. 109 sind die 5 Koppelpunktslagen E_1 bis E_5 gegeben. Zwei beliebige Mittelsenkrechte werden errichtet z. B. auf $\overline{E_1E_5}$ und $\overline{E_2E_3}$, deren Schnittpunkt als Drehpunkt der Schwinge, d. h. B_0 gewählt wird. Somit entstehen zwei Punktlagenreduk-

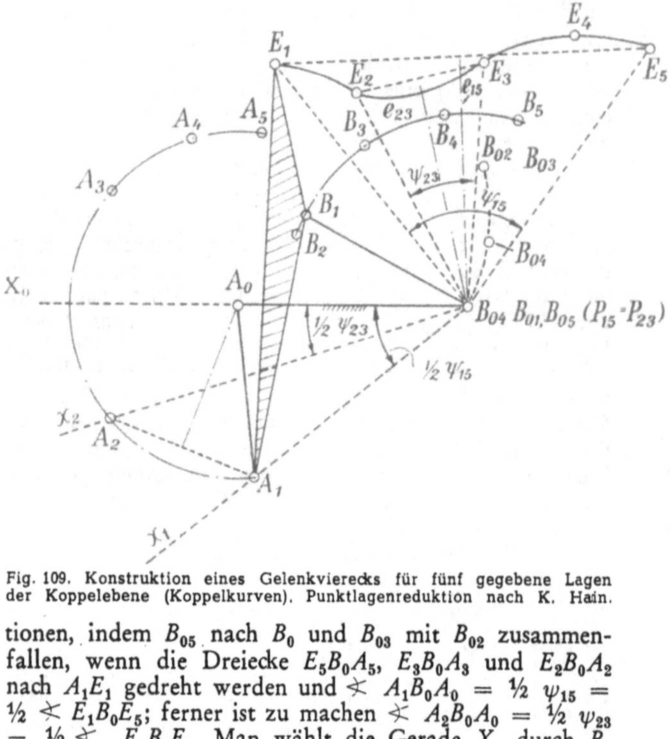

Fig. 109. Konstruktion eines Gelenkvierecks für fünf gegebene Lagen der Koppelebene (Koppelkurven). Punktlagenreduktion nach K. Hain.

tionen, indem B_{05} nach B_0 und B_{03} mit B_{02} zusammenfallen, wenn die Dreiecke $E_5B_0A_5$, $E_3B_0A_3$ und $E_2B_0A_2$ nach A_1E_1 gedreht werden und $\sphericalangle\ A_1B_0A_0 = \frac{1}{2}\ \psi_{15} = \frac{1}{2} \sphericalangle\ E_1B_0E_5$; ferner ist zu machen $\sphericalangle\ A_2B_0A_0 = \frac{1}{2}\ \psi_{23} = \frac{1}{2} \sphericalangle\ E_2B_0E_3$. Man wählt die Gerade X_0 durch B_0 und trägt unter den obigen Winkeln die Geraden x_1 und

x_2 an, wählt A_1 auf x_1 und bestimmt A_2 mit $\overline{A_2E_2} = \overline{A_1E_1}$. Die Mittelsenkrechte auf $\overline{A_1A_2}$ schneidet x_0 in A_0, dem Kurbeldrehpunkt. Bringt man nun die Figur (Fünfeck) $B_0A_5E_5B_5$ nach A_1E_1, so kann es wegen $\sphericalangle A_1B_0A_5 = E_1B_0E_5 = \gamma_{15}$ um B_0 in diese Lage gedreht werden, worauf beide sich deckende Figuren in die Lage A_1E_1 gebracht werden. Bei der Drehung bleiben die Punkte B_0 zusammen und kommen nach B_{02}, B_{03}. Wird Fünfeck $B_0A_4E_4B_4$ nach A_1E_1 gebracht, so kommt B_0 nach B_{04}. Es bleibt noch übrig, die Gelenklage B_1 zu bestimmen. Da sie von den Punkten $B_{01}B_{05}B_{02}$ usw. denselben Abstand hat, ist sie der Schnittpunkt $\overline{B_0B_{04}}$ und $\overline{B_{04}B_{03}}$.

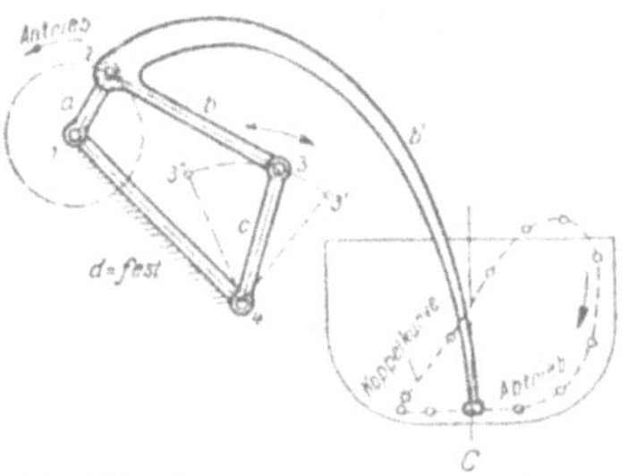

Fig. 110. Benutzung einer Koppelkurve in einem Teigkneter.

Beliebig geformte Koppelkurven werden in den verschiedensten Maschinen nutzbar gemacht. Fig. 110 zeigt die Anwendung in einer Teigknetmaschine[1]). Der sich um die Achse c drehende Mischbehälter ist auf einem Teil seines Umfangs der Form der Koppelkurve angepaßt.

IV. Konstruktion von Kurventrieben.[2]).

Beim Entwurf eines Kurventriebs (Kurvenschub, Kurvenscheibe, räumlicher Kurventrieb) ist im allgemeinen die Bewegung des Antriebsgliedes (Schieber oder Hebel) vorgeschrieben, und zwar soll innerhalb eines bestimmten Bewegungsabschnittes des Antriebsgliedes eine Bewegung vom *Hub h* ausgeführt werden, z. B. Öffnen und Schließen

1) Nach AWF 602, Bogenschubkurbel.

2) Die Figuren dieses Abschnittes sind z. T. AWF 641/43, Konstruktion von Kurvenscheiben, entnommen.

eines Ventils innerhalb eines bestimmten Kurbelwinkels. Das Zeitweg-Schaubild einer derartigen Bewegung, wie sie beim Entwurf von Arbeits- oder Kraftmaschinen notwendig ist, ist in Fig. 111 dargestellt.

Die Aufgabe ist nun, zu diesem theoretischen Bild ein praktisches Getriebe zu ermitteln. Die erste Aufgabe besteht darin, eine geeignete Mittelpunktsbahn für das Eingriffsglied aufzufinden; nur diese Aufgabe soll in folgendem behandelt werden. Eine weitere Aufgabe ist dann, das Eingriffsglied so auszubilden (z. B. Rolle, Pilzstößel, Gegenkurve), daß den praktischen Bedingungen genügt wird[1]).

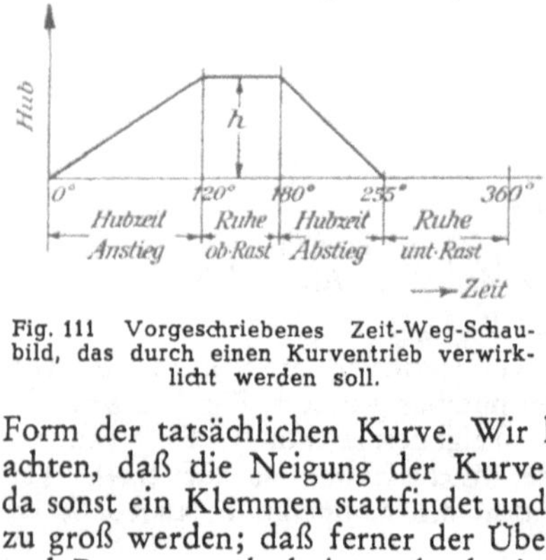

Fig. 111 Vorgeschriebenes Zeit-Weg-Schaubild, das durch einen Kurventrieb verwirklicht werden soll.

Wir nehmen zuerst an, die Bewegung soll durch einen ebenen Kurvenschub mit Schieber erfolgen. Dann ergibt bereits Fig. 111 im rohen Umriß die Form der tatsächlichen Kurve. Wir haben nur darauf zu achten, daß die Neigung der Kurve nicht zu steil wird, da sonst ein Klemmen stattfindet und die Beschleunigungen zu groß werden; daß ferner der Übergang zwischen Ruhe und Bewegungsabschnitten durch einen sanften Übergang (Kreisbogen oder Übergangskurve) erfolgt. Durch Einschalten von derartigen Übergangsbögen wird bei gegebener Länge der Schubkurve der Anstieg steiler, das bedeutet, daß in der Ausführung bei gegebenem Hub die Kurve länger werden muß, um erträgliche Verhältnisse für den Anstieg zu erhalten.

Tragen wir die Ordinaten eines derartigen Kurvenschubs radial auf dem Umfang eines bestimmten Grund-

[1]) S. Getriebelehre II.

kreises auf, so entsteht eine Kurvenscheibe. Ein auf ihr ablaufender Schieber gibt das gleiche Bewegungsgesetz wieder. Wird ein zu kleiner Grundkreis gewählt, so wird der Anstieg der Kurve zu steil, der Schieber kann klemmen und die Beschleunigung zu groß werden. Andererseits ergibt ein größerer Grundkreis größere Scheibenabmessungen, Beschleunigungen, Fliehkräfte, so daß man immer bestrebt sein muß, zu einem gegebenen Bewegungsgesetz den günstigsten Scheibendurchmesser zu wählen.

Auch auf dem Umfang von Rotationskörpern (Zylinder, Kegel, Kugel u. dgl.) kann das Bewegungsdiagramm aufgetragen werden. Wir erhalten dann räumliche Kurventriebe.

Da die Ermittlung eines einwandfreien Bewegungsdiagramms als Grundlage für die Konstruktion des Kurventriebes für sämtliche Kurventriebe (Kurvenschübe, Kurvenscheiben und räumliche Kurventriebe) gleichartig ist, soll diese Aufgabe gemeinsam behandelt werden. Dabei wird davon ausgegangen, daß der *Hub* h und die zum Erreichen dieses Hubes notwendige Zeit T gegeben ist[1]). Werden die Geschwindigkeiten oder Beschleunigungen zu groß, so kann dem durch Wahl eines größeren Kurvenweges $s = c \cdot T$ Rechnung getragen werden.

a) Übergangskurven.

Geneigte Gerade ohne Übergang (Fig.112). Bei dieser Form, wie wir sie dem Bewegungsdiagramm entnehmen, treten am Anfang und am Ende Stöße auf. Diese Kurvenform ergibt zwar eine gleichförmige Geschwindigkeit $v = \frac{h}{T}$ des Abtriebsgliedes, sie ist aber praktisch nur bei geringen Geschwindigkeiten und kleinen Massenkräften brauchbar. In allen übrigen Fällen muß man von der Forderung einer gleichförmigen Geschwindigkeit zum mindesten zu Beginn und am Ende der Bewegung abgehen.

1) Die Abbildungen 112—117 sind sämtlich mit gleichem Verhältnis von h/T gezeichnet.

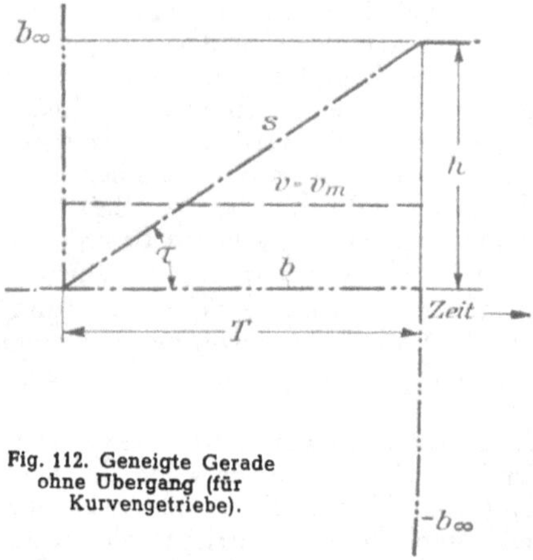

Fig. 112. Geneigte Gerade ohne Übergang (für Kurvengetriebe).

Man wählt hier eine Übergangskurve mit möglichst gutem tangentialen Übergang. Angewendet werden Kurven, die sich leicht zeichnerisch (und gegebenenfalls auch mechanisch) erzeugen lassen (Kreisbogen, Parabel, Sinoide).

Kreisbogenübergang (Fig. 113). Man schaltet zwischen Beginn und Ende der Bewegung je ein Kreisbogenstück ein. Da $x = R \sin \tau$, ist die Länge der Übergangskurve sowohl abhängig vom Halbmesser R der Abrundung wie dem Winkel τ. Es ist günstig, diese Abrundung nicht allzu groß zu wählen. Ein Sonderfall tritt ein, wenn die Kreisbögen sich in der Mitte berühren, die Länge der Übergangsgeraden wird dann = 0. Diese Anordnung ist wegen der großen auftretenden Beschleunigungen nicht zu empfehlen. Bei gegebenem x findet man die Punkte V und V_1 durch

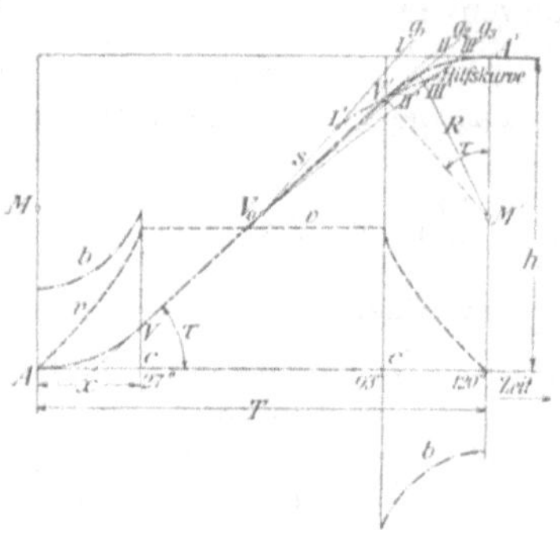

Fig. 113. Geneigte Gerade mit Kreisbogenübergang.

folgende Hilfskonstruktion[1]): Durch den Mittelpunkt V_0 des Diagramms legt man einige beliebige Geraden g_1, g_2, g_3, die die Abszisse in den Punkten I, II und III schneiden, man macht nun den Abschnitt $I'\,I = IA'\;II'\,II = IIA'$ usw. Durch die Punkte I', II' usw. legt man eine Kurve, diese schneidet die Senkrechte im Abstand x im gesuchten Punkte V bzw. V'. Die Gerade VV_0V' ist die Übergangsgerade unter dem Winkel τ. Die Senkrechte in V' auf der Übergangsgeraden ergibt auf der Ordinate im Punkt A' den Punkt M, $V'\,M = R$ Übergangshalbmesser.

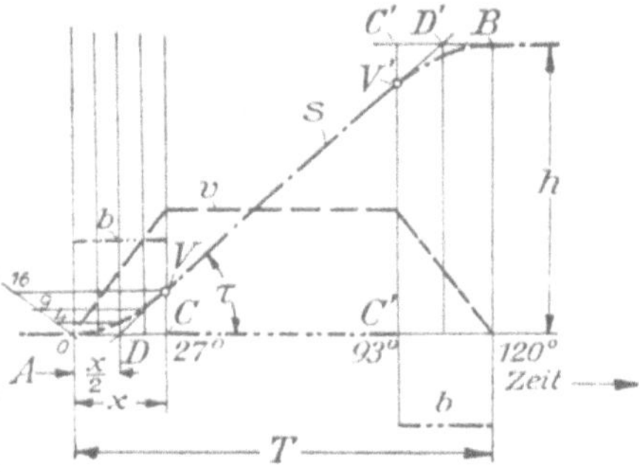

Fig. 114. Parabelübergang mit geradlinigem Abschnitt.

Parabelübergang (Fig. 114). Zwischen Beginn und Ende der Bewegung wird ein Parabelstück eingeschaltet. Je länger dieses Stück gewählt wird, desto sanfter ist der Übergang, d. h. desto geringer ist die Anfangsbeschleunigung. Soll die Parabel im Punkt V anlaufen, so macht man den Abschnitt $\overline{AD} = \overline{DC}$. Zum Auftragen der Parabel teilt man die Strecke AD in gleiche Teile und zieht eine Hilfsgerade, die man im Verhältnis der jeweiligen Quadratzahl teilt (0, 1,4, 9 ...). Die Schnittpunkte sind Punkte der Übergangsparabel. Die Höchstgeschwindigkeit ist $v_{\max} = \dfrac{h}{T - x}$; die Geschwindigkeit

[1]) Benutzt wird hierbei, daß sowohl die Horizontale durch A' wie die Linie S Tangenten an den Abrundungskreis bilden, deren Länge gleich sein muß.

steigt proportional von 0 bis zu diesem Höchstwert an und verläuft dann gleichförmig. Die Beschleunigung des Parabelabschnittes ist konstant, und zwar $b_{max} = \frac{v_{max}}{t}$, wobei t die Zeit in Sekunden ist, die zum Erreichen des Punktes V notwendig ist. Im Grenzfall gehen die beiden Parabeläste ineinander über (Fig. 115). Die Geschwindigkeit steigt bis zur Übergangsstelle proportional an; die Höchstgeschwindigkeit ist $v_{max} = \frac{2h}{T}$. Bei symmetrischer Kurve (wie in Fig. 115) ist $b = \frac{2v_{max}}{T}$.

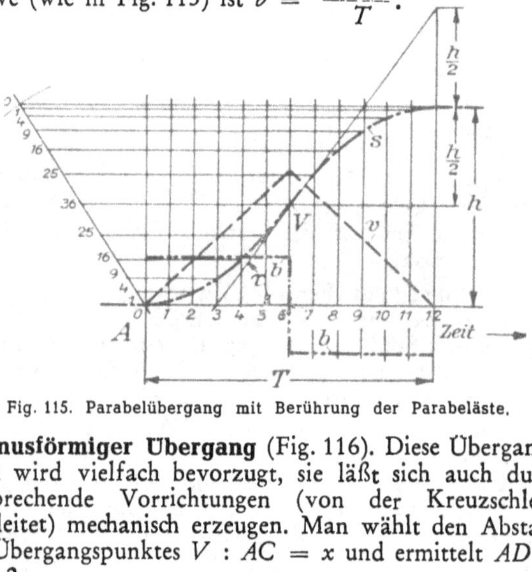

Fig. 115. Parabelübergang mit Berührung der Parabeläste.

Sinusförmiger Übergang (Fig. 116). Diese Übergangsform wird vielfach bevorzugt, sie läßt sich auch durch entsprechende Vorrichtungen (von der Kreuzschleife abgeleitet) mechanisch erzeugen. Man wählt den Abstand des Übergangspunktes V : $AC = x$ und ermittelt $AD = \frac{\pi - 2}{\pi} x \approx 0{,}364\, x$; ein Verhältnis, das für alle Sinoiden gleich ist. Damit erhält man die Gerade DD'; man teilt nun AC in gleiche Teile und teilt den ¼ Kreis über

$VC = V'C'$ in die entsprechende Anzahl Teile. Die Teilpunkte werden parallel herübergelotet; die Schnittpunkte sind Punkte der Sinoide. Auf dem Übergangsstück verläuft die Geschwindigkeit nach einer Sinuslinie, die Beschleunigung nach der Cosinuslinie. Ein Sonderfall tritt ein, wenn die beiden Zweige der Sinoide tangential ineinander übergehen,

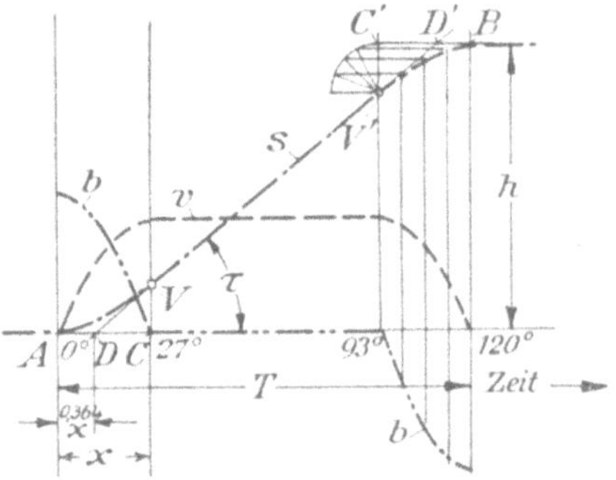

Fig. 116. Sinusförmiger Übergang mit geradlinigem Abschnitt.

d. h. wenn V und V' zusammenfallen, $h = 2 \cdot r$ (Fig. 117). Die Höchstgeschwindigkeit ist $v_{max} = \frac{\pi}{2} \cdot \frac{h}{T} = 1{,}57 \cdot \frac{h}{T}$; die Höchstbeschleunigung (zu Beginn der Bewegung) $b_{max} = \frac{\pi \cdot v_{max}}{T} = 3{,}14 \cdot \frac{v_{max}}{T}$. Die Fig. 115 und 117 erlauben einen Vergleich zwischen parabel- und sinusförmigem Übergang. Man erkennt, daß der Neigungswinkel τ bei der Parabel größer ist, dadurch wird ebenfalls die Höchstgeschwindigkeit größer, dagegen ergibt die Sinoide eine etwas größere Anfangsbeschleunigung.

Es werden auch andere Übergangskurven, meist von der Sinuslinie abgeleitet, vorgeschlagen, deren Beschleunigungen zu Beginn der Bewegung = 0 sind. Diese Kurven besitzen dann ein relativ langes Anlaufstück und die Höchstgeschwindigkeiten und Beschleunigungen werden naturgemäß

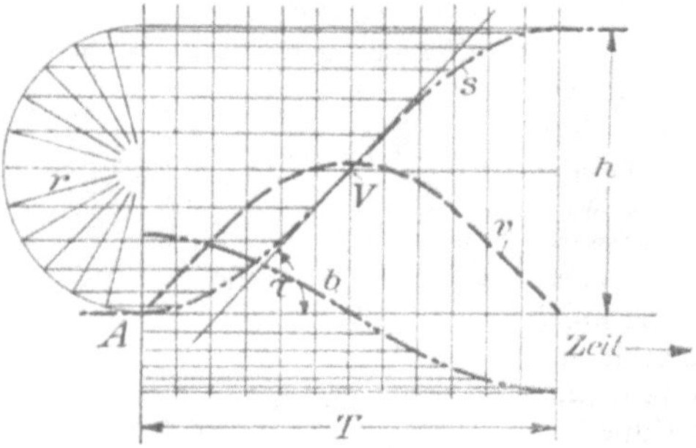

Fig. 117. Sinusförmiger Übergang mit Berührung der Sinusbogen.

größer. Es sei wegen dieser Konstruktionen auf die Literatur, insbesondere das AWF-Getriebeblatt 641/643 verwiesen.

Aus dem Zeit-Wegschaubild entwickelt man den Kurvenschub, indem man die Zeitlinie (T) so vergrößert, daß der Winkel μ zwischen Kurventangente und Bewegungsrichtung des Eingriffsgliedes in keiner Stellung der Kurvenbahn zu klein wird (Fig. 118). Übliche Gebrauchswerte für μ sind mindestens 45° für langsamlaufende Getriebe, bis zu 60° für schnellaufende Getriebe.

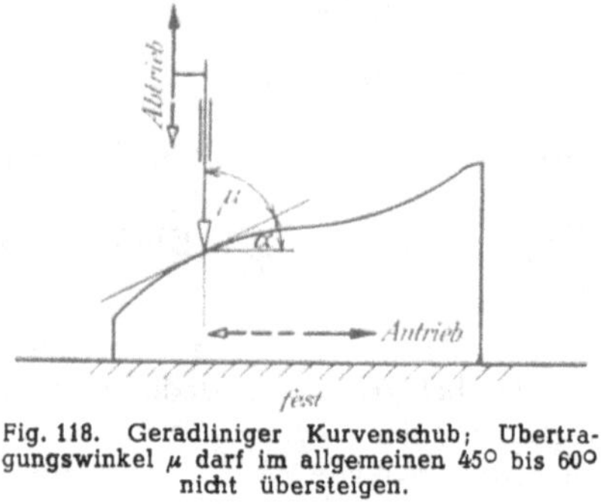

Fig. 118. Geradliniger Kurvenschub; Übertragungswinkel μ darf im allgemeinen 45° bis 60° nicht übersteigen.

b) Kurvenschub und Trommelkurven.

Beim Kurvenschub mit rechtwinkligen Ordinaten ist die gesamte Kurvenlänge $L = \text{tg}\,\mu\,(h + 2\,x\,\text{tg}\,\tau)$. Da x

und τ meist graphisch gegeben sind; ermittelt man L ebenfalls auf graphischem Wege (Fig. 119). Man verlängert DD' nach unten bis zum Schnittpunkt mit der Ordinate in A, das ergibt Punkt E. Dann macht man $EF = EA$; trägt in F den gewählten Winkel μ an und erhält auf der Verlängerung $D'B$ den Punkt $G: G'A = L$ die gesuchte Kurvenlänge. Man teilt AG' in die gleiche Zahl Teile wie OB und überträgt die Schnittpunkte mit der

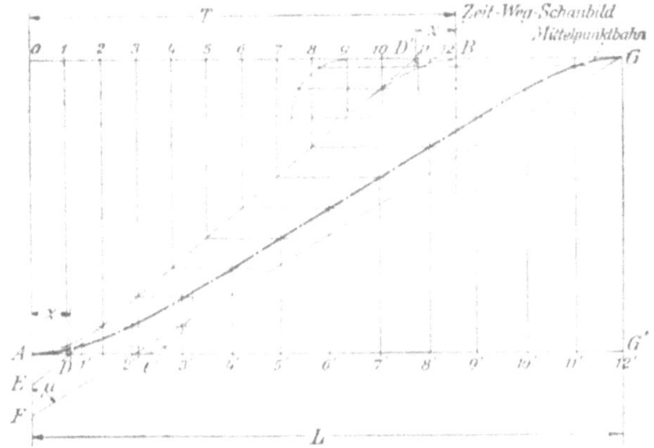

Fig. 119. Graphische Ermittelung der Mittelpunktsbahn eines Kurvenschubes aus der theoretischen Übergangskurve.

Zeit-Weg-Kurve. Als Kontrolle der Konstruktion dient, daß der Mittenabschnitt oder seine Tangente parallel zur Geraden FG liegen muß. Das gleiche Verfahren ist auch für die Entwicklung der Kurvenbahn für Trommelkurven anzuwenden. Ist der Trommeldurchmesser D gegeben, so steht für Ruhe- und Bewegungsabschnitte der Umfang $U = D \cdot \pi$ zur Verfügung.

c) Kurvenscheiben.

Beim Übertragen des Zeit-Wegschaubildes auf die Ebene der Kurvenscheibe geht man davon aus, daß der

Übertragungswinkel μ in keinem Falle zu klein wird (Fig. 120). Ohne Änderung der Bewegungsübertragung ist dies dadurch möglich, daß man den Grundkreishalbmesser r_0 größer oder kleiner wählt. Stets ist erwünscht, mit möglichst kleinen Grundkreishalbmessern auszukommen (geringe Massen, geringe Normalbeschleunigungen und Fliehkräfte).

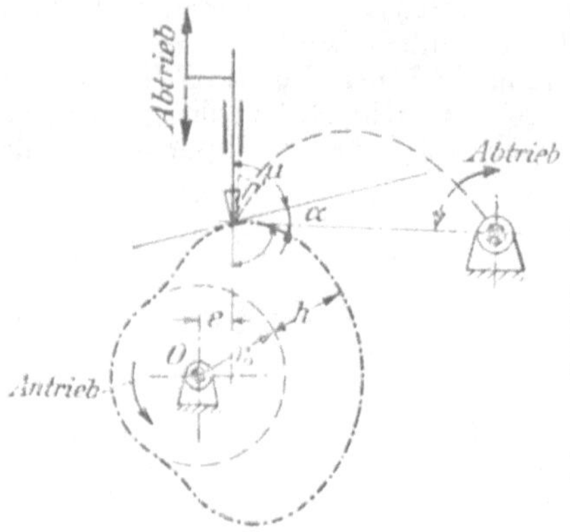

Fig. 120. Übertragungswinkel und allgemeine Beziehungen bei der Kurvenscheibe.

Recht praktisch ist das graphische Verfahren nach Alt-Flocke, da es für Kurventriebe mit verschiedenartiger Ausbildung des Eingriffsgliedes geeignet ist. Dieses Verfahren benutzt

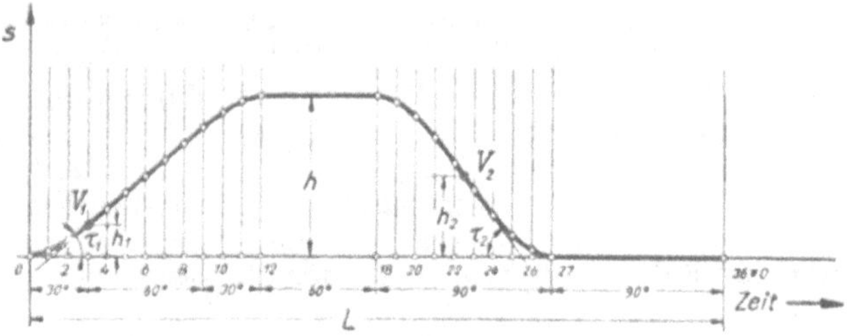

Fig. 121. Angenommenes Bewegungsschaubild einer Kurvenscheibe.

die Überlegung, daß eine Gerade sich im Zeit-Wegschaubild als eine Äquidistante zu einer archimedischen Spirale auf der Kurvenebene wiedergibt. Da der Tangentenwinkel einer archimedischen Spirale immer kleiner wird, d. h. der Übertragungswinkel μ immer größer, genügt es, die Untersuchung für den Berührungspunkt mit kleinster Ordinate der steilsten Tangente, d. i. stets der Punkt V_1 bzw. V_2 des Zeit-Wegschaubildes (Fig. 121), durchzuführen. Hat bisher die Tangente (im Zeit-Wegschaubild) den Neigungswinkel τ, ergäbe also einen Übertragungswinkel $\mu = 90 - \tau$, so soll jetzt an der Kurvenscheibe der vorgeschriebene Winkel μ auftreten. Es bestehen für die Kurvenscheibe mit zentrisch geradegeführtem Schieber folgende Beziehungen:

$$(26) \qquad \operatorname{tg} \mu = \frac{1}{\operatorname{tg} \alpha} = \frac{r \cdot d\varphi}{dr} \qquad \text{(Fig. 122)}$$

für die erweiterte archimedische Spirale, mit Gleichung

$$r = a\varphi + r_0$$

ergibt sich

$$(26\,\text{a}) \qquad \operatorname{tg} \mu = \frac{r}{a} = \frac{a \cdot \varphi + r_0}{a} = \varphi + \frac{r_0}{a}$$

Ferner ist nach dem Zeit-Wegschaubild $\operatorname{tg} \tau = \dfrac{h_1}{k \cdot \varphi}$

a ist die Steighöhe h_1 der archimedischen Spirale bei einem Winkel $\varphi = 1^0$, also $\operatorname{tg} \tau = \dfrac{a}{k}$ oder $a = k \cdot \operatorname{tg} \tau$, dies eingesetzt, geht Gleichung (26a) über in

$$(27) \qquad \operatorname{tg} \mu = \frac{h_1}{\text{k} \cdot \operatorname{tg} \tau} + \frac{r_0}{k \cdot \operatorname{tg} \tau} = \frac{h_1 + r_0}{k \cdot \operatorname{tg} \tau}.$$

Da h und $\operatorname{tg} \tau$, ebenso k bekannt sind und μ vorgeschrieben wird, können wir aus dieser Beziehung rechnerisch oder graphisch r_0, den kleinsten Halbmesser der Kurvenscheibe ermitteln. Das graphische Verfahren zeichnet sich durch seine Anschaulichkeit aus und ist vorzuziehen, insbesondere da mindestens 2 Werte μ für An- und Abstieg zu beachten sind. Man benutzt 2 Hilfsfiguren (Fig. 123 a u. b). Den Wert $k \cdot \operatorname{tg} \tau$ erhält man zeichnerisch durch Antragen der Winkel τ_1 und τ_2

an die Strecke $k = \frac{L}{2\pi}$, wobei L die Länge der Zeitstrecke für eine ganze Kurvendrehung bedeutet (L ist ein an sich beliebiges Maß, das nur durch die Länge des Zeitmaßstabes bestimmt wird). Die freien Schenkel τ_1 und τ_2 schneiden auf der Senkrechten zu k im rechten Endpunkt die gesuchten Strecken $k \cdot \operatorname{tg} \tau_1$, und $k \cdot \operatorname{tg} \tau_2$ ab. Diese Werte benutzt man in der zweiten

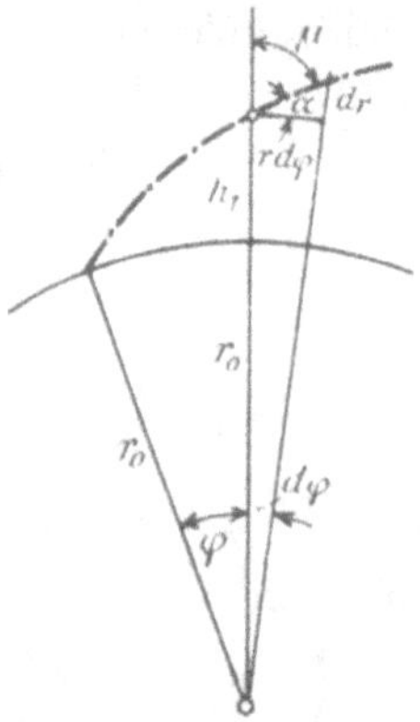

Fig. 122. Ableitung der Beziehung zwischen Mittelpunktbahn, Übertragungswinkel und kleinstem Scheibenhalbmesser.

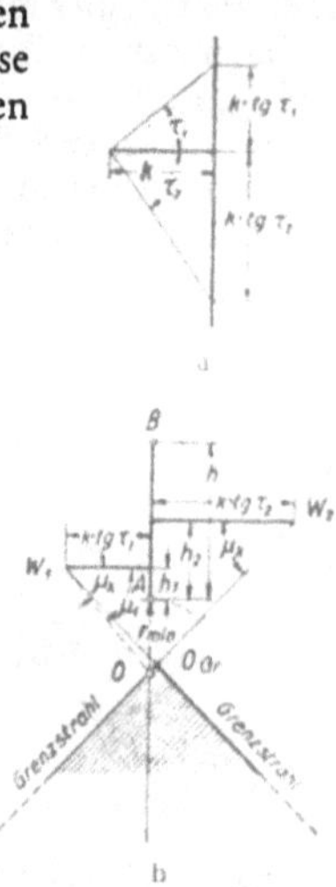

Fig. 123 a u. b. Hilfsschaubilder für das graphische Verfahren nach Flocke.

Hilfsfigur (Fig.. 123 b), indem man auf der senkrecht gezeichneten Hubstrecke h die Teilhübe h_1 und h_2 abträgt, die den Punkten V_1 und V_2 entsprechen. Bei linksdrehender Kurvenscheibe trägt man normal zu $h = AB$ die dem Anstieg entsprechende Strecke $k \cdot \operatorname{tg} \tau_1$ im Endpunkte von h_1 nach links, die dem Abstieg entsprechende Strecke $k \cdot \operatorname{tg} \tau_2$ im Endpunkte von h_2 nach rechts an. In den Endpunkten W_1 und W_2 dieser Strecken wird der gewünschte Winkel μ_k (Kleinstwert von μ) angetragen. Die freien Schenkel dieser Winkel schneiden sich im Grenzpunkt 0_{Gr}. Sie schließen als Grenzstrahlen ein Gebiet ein, das ein geometrischer Ort für die Mittelpunkte aller Scheiben ist, deren Übertragungswinkel nicht kleiner ist als μ_k. Die Hilfsfigur stellt nichts anderes dar als die graphische Darstellung der Beziehung (27).

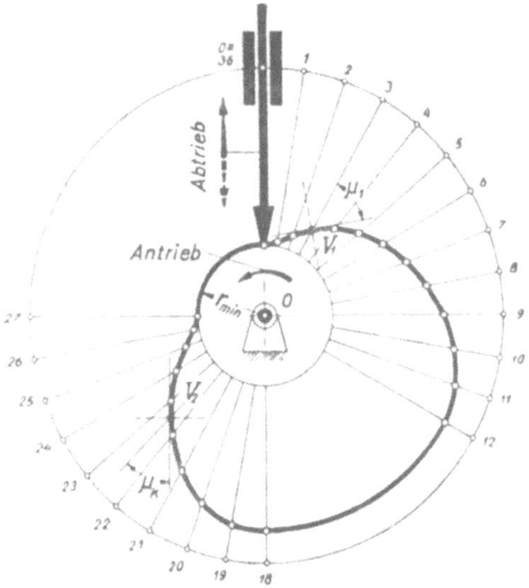

Fig. 124. **Zentrische Kurvenscheibe mit Schieber für das Bewegungsschaubild Fig. 121.**

Beim G e t r i e b e m i t z e n t r i s c h g e f ü h r t e m S c h i e b e r (Fig. 123 b/124) liegt der Mittelpunkt 0 auf der Verlängerung *BA*. Der Schnittpunkt dieser Linie mit dem Grenzstrahl durch W_2 ergibt r_{min}. Beim Anstieg entsteht dann an Stelle des Winkels μ_k der Winkel μ_1, der durch die Verbindungslinie OW_1 gegeben ist. Innerhalb des schraffierten Feldes ergeben sich größere Werte als

r_{min}. Man teilt nun den Umfang der Kurvenscheibe (Fig. 124) auf einem beliebig gewählten Teilkreise in die gleichen Teile wie das Zeit-Wegschaubild und trägt die einzelnen Hubstrecken vom Grundkreis r_{min} aus auf die Teilstrahlen ab.

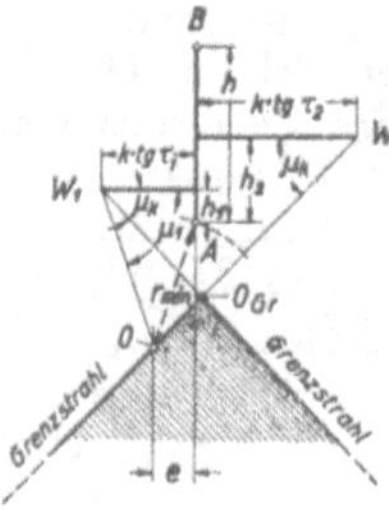

Fig. 125. Hilfsschaubild für exzentrische Kurvenscheibe.

Bei einer Kurvenscheibe mit exzentrischem Schieber wird das gleiche Konstruktionsverfahren angewendet (Fig. 125 und 126). Hier liegt nur der Mittelpunkt 0 von r_{min} um den Abstand e von der Schubrichtung AB entfernt. Geht

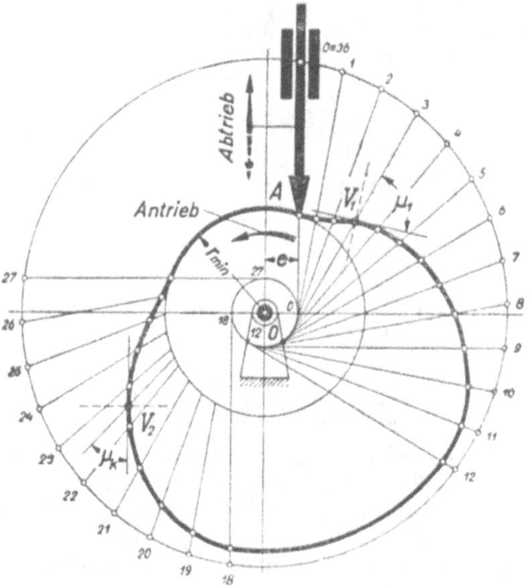

Fig. 126. Exzentrische Kurvenscheibe mit Schieber für das Bewegungs-Schaubild Fig. 121.

bei linksdrehender Kurvenscheibe die Schubrichtung rechts neben dem Mittelpunkt im Abstand e vorbei, so ist in der Hilfsfigur der Abstand e links von AB einzutragen. Ist r_{min} auf diese Weise ermittelt, so schlägt man um den Mittelpunkt 0 der Kurvenscheibe Kreise mit e und r_{min} sowie einen Teilkreis mit beliebigem Halbmesser. Diesen teilt man, beginnend beim Schnittpunkt, mit der Schubrichtung in die gleiche Zahl Teile wie die Zeitstrecke des Zeit-Wegschaubildes. Durch die einzelnen Teilpunkte zieht man Tangenten an den Kreis mit Halbmesser e. Auf diesen Tangenten trägt man vom Grundkreis r_{min} aus die Hubstrecke des Zeit-Wegschaubildes auf.

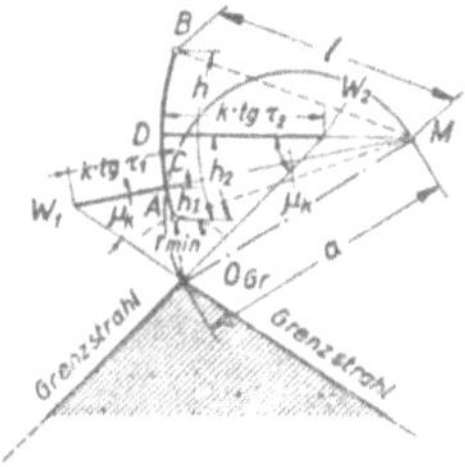

Fig. 127. Hilfsschaubild für Kurvenscheibe mit Schwinghebel.

Bei einer **Kurvenscheibe mit Schwinghebel** (Fig. 127 und 128) entsteht eine etwas abweichende Hilfsfigur, indem nämlich die Strecke AB in einen Bogen mit dem Halbmesser l des Schwinghebels übergeht (Fig. 120) Die Strecken $k \cdot \operatorname{tg} \tau_1$ und $k \cdot \operatorname{tg} \tau_2$ sind wie bisher senkrecht zu AB aufzutragen, und zwar liegen sie auf Strahlen, die durch den Hebelmittelpunkt M gehen. Die freien Schenkel schneiden wieder das Feld für die Mittelpunkte der Kurvenscheibe aus. Der Abstand $\overline{OM} = a$ gibt den festen Abstand des Hebelmittelpunktes M von der Scheibenmitte an. Man schlägt um 0 Kreise mit r_{min} und a. Den letzteren teilt man in die gleiche Anzahl Teile wie die Zeitstrecke des Zeit-Wegschaubildes. Um jeden dieser Punkte schlägt man einen Kreisbogen mit der angenommenen Hebellänge $l = \overline{AM}$, auf denen man vom Grundkreis aus die entsprechenden Hubstrecken des Zeit-Wegschaubildes im Bogenmaß aufträgt. Nach dem Aufzeichnen der Kurven (Fig. 124, 126, 128) empfiehlt sich zur Kontrolle, nachzuprüfen, ob in den Punkten V_1 und V_2 der Winkel μ_k eingehalten ist, bzw. die etwas größeren Winkel μ_1 und μ_2 vorhanden sind. In vielen praktischen Fällen ist eine bestimmte Größe der Kurvenscheibe vorausgesetzt, man hat dann nicht notwendig, den Grundkreis erst zu ermitteln.

Handelt es sich ferner nur darum, innerhalb eines bestimmten Drehwinkels einen guten Übergang für den

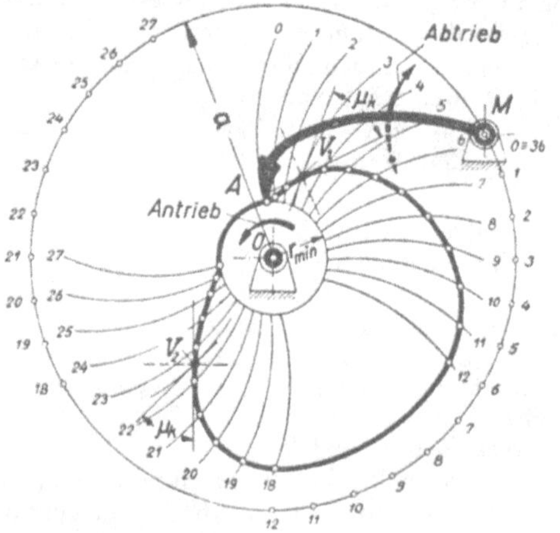

Fig. 128. Zentrische Kurvenscheibe mit Schwinghebel für das Bewegungs-Schaubild Fig. 121.

Hubunterschied h zu schaffen, so kann man die Übergangskurve (Sinoide oder Parabel) ohne Aufzeichnen eines Zeit-Wegschaubildes unmittelbar entwerfen. Die Konstruktion ist die gleiche, wie sie in Fig. 114 für die Zeitachse durchgeführt wurde, nur sind jetzt gleich die entsprechenden Koordinaten der Kurvenscheibe aufzusuchen.

Beispiel: Kurvenscheibe mit Hebel: gegeben Ausschlagwinkel ψ des Hebels und Drehwinkels φ der Kurvenscheibe sowie die Lage der beiden Achsen O und M (Fig. 129).

Günstige Verhältnisse erhält man, wenn in Mittelstellung des Hebels l der Winkel OBM ein rechter wird. Der Halbkreis über OM ist also ein geometrischer Ort für B. Die Hebellänge $MB = l$ ist noch frei wählbar. Als Erfahrungswert gilt $\frac{r_0}{l} = 1{,}5\,\frac{\psi}{\varphi}$. Man nimmt zunächst eine beliebige Hebellänge l an, bestimmt B auf Halbkreis OBM und

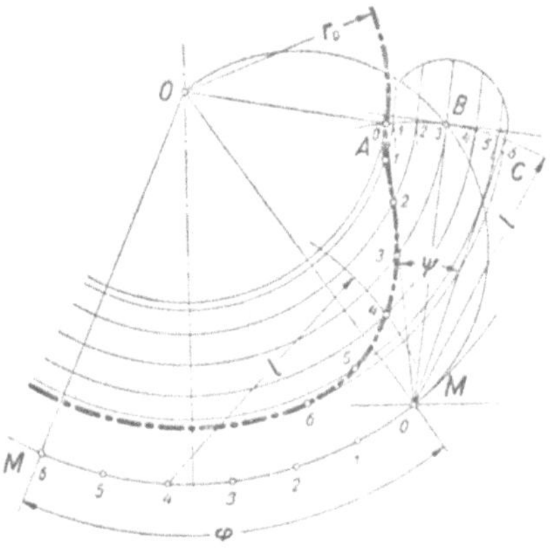

Fig. 129. Konstruktion einer Kurvenscheibe mit sinusförmigem Übergang.

trägt an $\overline{MB}$ zu beiden Seiten $\psi/2$ an. Man findet so die Punkte A und C; $r_0 = \overline{OA}$; weicht r_0 wesentlich von dem obigen Wert ab, so macht man eine neue Annahme, bis man das richtige Verhältnis gefunden hat. Um eine bestimmte Kurvenform aufzuzeichnen, ist es notwendig, den Hebelwinkel nach einem bestimmten Gesetz zu teilen. Man legt in B die Tangente an den Schwingenbogen, gibt ihm die Länge des Bogens $b = \frac{\psi^0 \cdot \pi}{180^\circ} \cdot l$ und teilt sie nach dem gegebenen Bewegungsgesetz, z. B. sinoidisch (Fig. 130). Die Teilpunkte der Strecke $A'C'$ wälzt man auf den Bogen herunter, d. h. man macht die jeweiligen Bogenlängen gleich den entsprechenden geraden Abschnitten. Darauf schlägt man Kreisbogen um O mit dem Halbmesser 01, 02 .....06 (Fig. 129) und bringt sie zum Schnitt mit Kreisbogen mit l

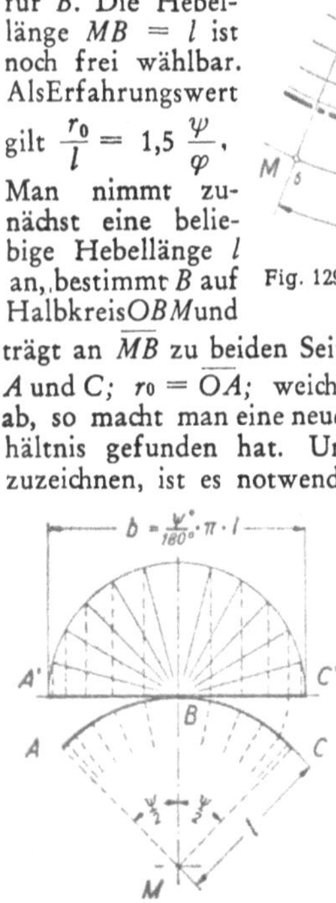

Fig. 130. Hilfsschaubild für Aufzeichnung einer Sinoide für Schwinghebelkurven.

um M_0, $M_1 \ldots M_6$. Dies ergibt Punkte A_0, 1, 2. . . . . . 6, die durch die vollausgezogene strichpunktierte Linie verbunden werden.

d) Kurvenscheiben mit kreisförmiger Begrenzung.

Beim Bau von Verbrennungskraftmaschinen sind vielfach Nocken üblich, die durch Kreisbögen begrenzt sind. Um Stöße zu vermeiden, ist es unbedingt notwendig, daß die einzelnen Begrenzungslinien tangential ineinander übergehen. Eine gleichförmige Bewegung ist hierdurch nicht möglich und auch bei den schnellen Bewegungen der Ventile nicht erforderlich.

Fig. 131. Kurvenscheibe, aus Kreisbögen zusammengesetzt; gegeben r_0, a, h und r_2.

Die Kreismittelpunkte und Übergänge werden vielfach rein gefühlsmäßig durch Probieren ermittelt, die folgenden praktischen Konstruktionen sollen das Aufzeichnen erleichtern.

Die Bestimmungsstücke für Nocken sind: Grundkreishalbmesser r_0, Öffnungswinkel $2\,\alpha$ und Hub h. Ferner kann noch gegeben sein der Kuppenkreis r_2 oder der Übergangskreis r_1, bzw. bei $r_1 = \infty$ nur der Kuppenkreis r_2; in jedem Fall ist dann das Nockenprofil bestimmt.

Aufgabe 1 (Fig. 131). Gegeben r_0, α, h und r_2, damit sind die Punkte P, P_2 und M_2 bestimmt. Man ziehe in P die Tangente an den Grundkreis und verbinde die Schnittpunkte S_1 und S_2 der beiden Kreise r_0 und r_2, beide Geraden schneiden sich in Q. Der Halbkreis über $\overline{M_2Q}$ schneidet den Kreis r_2 in P_1. Die Verbindungslinie $\overline{P_1M_2}$ schneidet PO im gesuchten Mittelpunkt M_1.

Aufgabe 2 (Fig. 132). Gegeben r_0, α, h und r_2, damit sind die Punkte P, P_2, M_1 bestimmt. Man macht $\overline{P_2K} = r_1$; verbindet M_1 mit K und errichtet darauf die Mittelsenkrechte, die OP_2 im gesuchten Mittelpunkt M_2 schneidet. Die Verbindungslinie $\overline{M_1M_2}$ ergibt P_1.

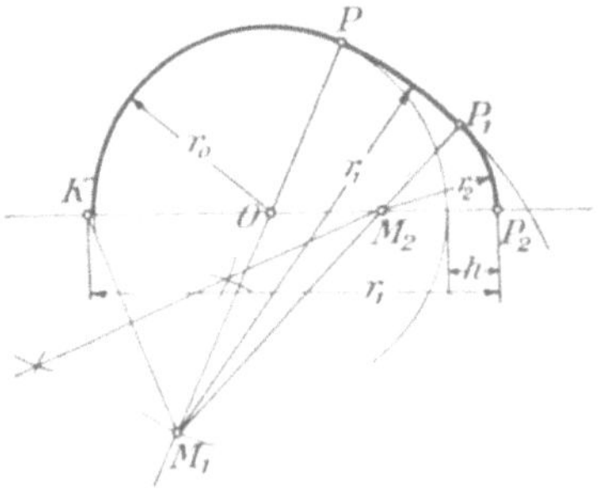

Fig. 132. Kurvenscheibe, aus Kreisbögen zusammengesetzt; gegeben r_0, a, h und r_1.

Aufgabe 3 (Fig. 133). Gegeben r_0, α, h, der Übergangshalbmesser $r_1 = \infty$. Man halbiert den Winkel α in O und fällt auf den freien Schenkel von P_2 aus das Lot, dieses schneidet die Tangente in P im Punkt P_1. Eine Parallele zu $\overline{OP}$ durch P_1 schneidet auf $\overline{OP_2}$ den Mittelpunkt M_2 des Kuppenkreises r_2.

Die Nockenprofile nach Fig. 131 und Fig. 132 sind sowohl für Rollen- als auch Pilzstößel geeignet, dagegen die mit geradlinigem Übergang (Fig. 133) nur für Rollenstößel; bei Pilzstößeln würde ein Aufschlagen auftreten.

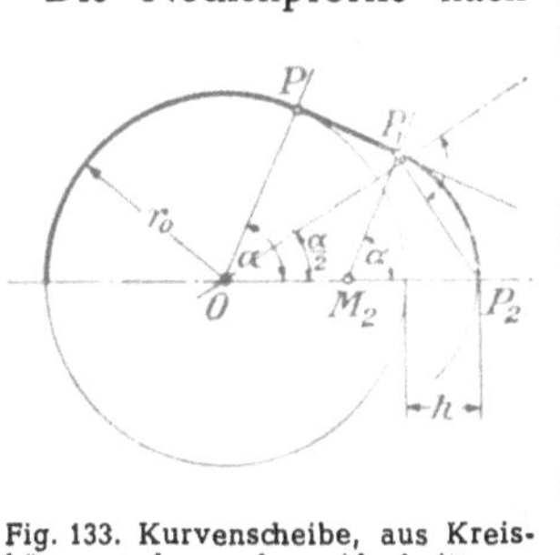

Fig. 133. Kurvenscheibe, aus Kreisbögen und geradem Abschnitt zusammengesetzt.

Die Mittelpunktsbahnen dieser Kurvenscheiben sind ebenfalls Kreisbogen mit den gleichen Mittelpunkten O, M_1 und M_2. Zur Geschwindigkeits- und Beschleunigungsermittlung benutzt man die in Abschnitt V, Seite 98 angegebenen Ersatzgetriebe.

e) Schwingkurventriebe.

Die Kurvenscheibe führt hier keine vollständige Drehung aus, sondern nur eine Schwingung in einem begrenzten Winkel. Diese Getriebe werden z. B. benutzt zu Ventilsteuerungen an Dampf- und Verbrennungskraftmaschinen (Fig. 134). Ein derartiger Schwingkurventrieb (Schwingdaumentrieb) besteht vielfach aus mehreren hintereinander angeordneten Getrieben, und zwar aus einem Getriebe zur Verwandlung der Volldrehung der Steuerwelle in eine Schwingbewegung (meist Bogenschubkurbel *ABCD*), einem weiteren Getriebe (dem eigentlichen Schwingkurventrieb), das die ständige Hin- und Herbewegung des Schwinghebels periodisch in Ruhe- und Bewegungsabschnitte zerlegt und schließlich einem Getriebe, das die zeitweilige Bewegung auf die Ventilstange *ss* überträgt. Für die Konstruktion der Kurve sind gleiche Gesichtspunkte maßgebend wie bei Kurvenscheiben. Die Durchführung einer Konstruktion an einer Lenz-Ventil-Steuerung ist in *AWF* 641/643 eingehend beschrieben.

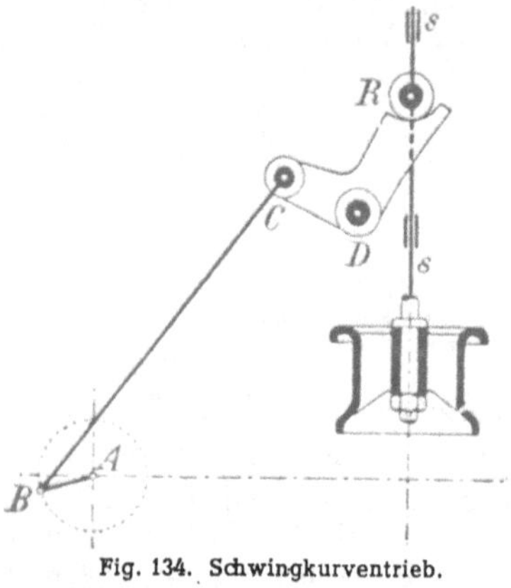

Fig. 134. Schwingkurventrieb.

V. Grundgesetze der Verzahnung.

Gegeben sind zwei sich um ihre Achsen drehende Körper. Die beiden Körper sind an den berührenden Flächen so zu formen, daß die Bewegung des einen Körpers eindeutig auf den anderen übertragen wird. Bei dem einfachen Fall paralleler Achsen (Fig. 135) drehen sich die Zahnkurven tragenden Ebenen E_1 und E_2 um die in der ruhenden Ebene E_0 liegenden Drehpunkte M_1 und M_2. Die beiden sich ständig berührenden Zahnkurven c_1 und c_2 berühren sich augenblicklich im Eingriffspunkt A, der während der Drehung der Körper seine Lage zur festen Ebene E_0 ändert; er bewegt sich auf der sogenannten Eingriffslinie e (siehe Fig. 136)[1]). Der Momentanpol P der Bewegung liegt im Schnittpunkt der Normalen von c_1 und c_2 im Berührungspunkt A und der Verbindungslinie $\overline{M_1 M_2}$. Der Momentanpol kann bei Drehung der Räder nur auf der Geraden $M_1 M_2$ wandern (s. Seite 57). Gegenüber den Zahnkörpern kann er sich auf zwei Polkurven p_1 und p_2 bewegen.

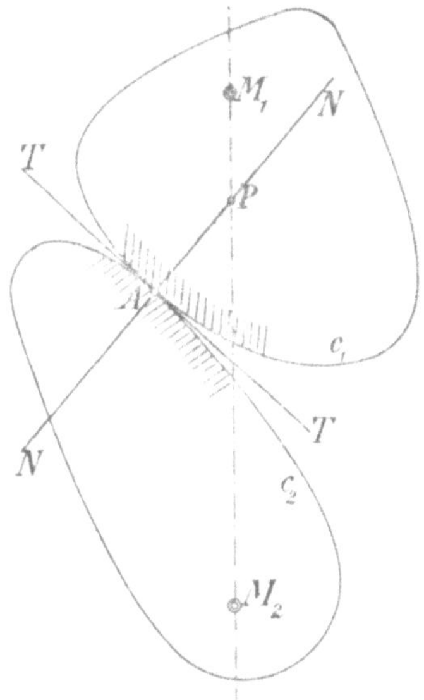

Fig. 135. Zahnkurven, Drehung um parallele Achsen.

Im allgemeinen wird die Forderung gestellt, daß einer gleichförmigen Drehung des einen Zahnkörpers eine gleichförmige Drehung des anderen entspricht. Für den Pol P ist nun nach Abschnitt III d, Seite 57

$$R_1 \cdot \omega_1 = R_2 \cdot \omega_2,$$

sollen nun ω_1 und ω_2 während der gesamten Bewegung

1) Die Eingriffslinie ist die Bahn des Berührungspunktes in der feststehenden Ebene E_0.

gleich bleiben[1]), so folgert hieraus, daß

$$\frac{R_2}{R_1} = \frac{\omega_1}{\omega_2} = i = \text{konst.}$$

wobei i = Übersetzungsverhältnis, d. h. der Pol der Bewegung behält seine Lage auf $M_1 M_2$ während der Dauer der Bewegung (Fig. 136) bei. Die Polbahnen p_1 und p_2 gehen in Kreise k_1 und k_2 mit den Halbmessern R_1 und R_2 über. Da sich während der Bewegung die beiden Kreise k_1 und k_2 aufeinander abwälzen ohne zu gleiten, nennt man sie auch W ä l z k r e i s e (Teilkreise) der Zahnräder und den Pol P W ä l z p u n k t.

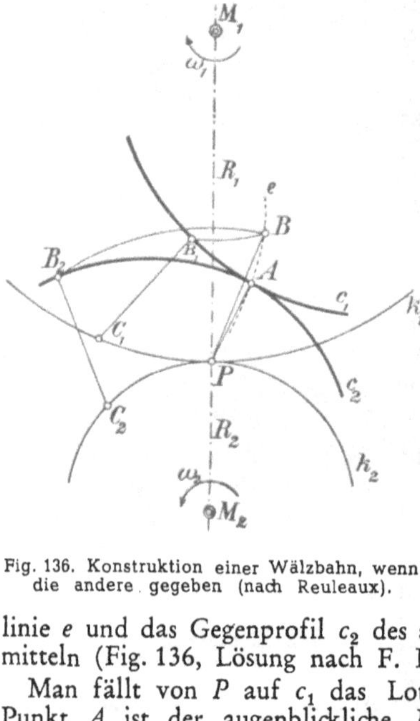

Fig. 136. Konstruktion einer Wälzbahn, wenn die andere gegeben (nach Reuleaux).

Man erkennt ferner, daß die Normale im jeweiligen Berührungspunkt der Zahnflanken stets durch den Pol oder Wälzpunkt P geht. Eine wichtige Aufgabe ist, zu einem gegebenen Zahnprofil c_1 die Eingriffslinie e und das Gegenprofil c_2 des anderen Rades zu ermitteln (Fig. 136, Lösung nach F. Reuleaux).

Man fällt von P auf c_1 das Lot. Der so erhaltene Punkt A ist der augenblickliche Berührungspunkt der Zahnflanke und gleichzeitig ein Punkt der Eingriffslinie e, diese geht ferner durch P. Von einem beliebigen Punkt

1) Ist eine bestimmte Beziehung zwischen ω_1 und ω_2 gegeben, z. B. $\omega_1 = f(\omega_2)$ so ergeben sich u n r u n d e Z a h n r ä d e r.

C_1 des Teilkreises k_1 fällen wir das Lot auf c_1, dies ergibt den Punkt B_1. B_1 kommt in Eingriff, wenn sich Rad E_1 soweit gedreht hat, daß C_1 mit P zusammenfällt, dann fällt B_1 mit dem Punkt B auf der Eingriffslinie e zusammen. Wir finden also B durch Schlagen der Kreisbogen $\overline{M_1B_1}$ um M_1 und $\overline{C_1B_1}$ um P. Um die Eingriffslinie e ganz zu ermitteln, nimmt man, möglichst im gleichen Abstand, verschiedene Punkte C_1 an. Der Abstand der gefundenen Punkte B_1 und B ergibt ein Bild des zeitlichen Ablaufs der Abwälzbewegung.

Der B und B_1 entsprechende Punkt B_2 des Gegenprofils c_2 liegt auf einem um M_2 mit $\overline{M_2B}$ geschlagenen Kreise. Man macht Bogen $\widehat{C_2P}$ auf Teilkreis k_2 = Bogen $\widehat{C_1P}$ und schlägt um C_2 einen Kreisbogen mit $\overline{PB} = \overline{C_1B_1}$. Der Schnittpunkt beider Kreise ergibt B_2 auf c_2. Die Linie B_2C_2 ist eine Normale des gesuchten Zahnprofils c_2. Wurden die Punkte C_1 in gleichem Abstand auf dem Teilkreis gewählt, so ergibt der jeweilige Abstand entsprechender Punkt B_1 und B_2 ein Bild der Gleitgeschwindigkeit längs der Zahnflanken.

Wie man aus diesem Verfahren erkennt, kann man als Zahnflanke jede beliebig geformte Kurve verwenden, deren Normalen den Wälzkreis schneiden. Bei den üblichen Verzahnungen ist die Eingriffslinie e ihrer Form nach gegeben.

Bei der Zykloidenverzahnung besteht die Eingriffslinie aus zwei Kreisabschnitten, die sich im Teilkreis berühren, bei der Evolventenverzahnung aus einer geneigten Geraden. Die Evolventenverzahnung hat den Vorteil, daß der Achsenabstand $\overline{M_1M_2}$ keinen Einfluß auf die Gleichförmigkeit der Bewegungsübertragung hat, so daß sich die Betriebsfehler selbständig ausgleichen. (Näheres über Verzahnungsarten, siehe Sammlung Göschen Band 3, 2. Aufl. 1950 S. 112 u. f.).

Sind die Zähne eines Rades als zylindrische Zapfen (Triebstöcke) ausgebildet, so werden die Flanken des Gegenrades Äquidistanten zu Zykloiden. Diese Zahnform ist nicht günstig, da sie nicht erlaubt Satzräder auszubilden, d. h. Zähne einer Gruppe von Rädern verschiedener Zähnezahl austauschbar zu machen. Ein besonderes Getriebe dieser Art ist das Grissongetriebe mit einem Zahn für hohe Übersetzungen (siehe H. Polster, Schrifttum 7).

VI. Wälzhebeltriebe.[1])

Wälzhebel dienen zur Übertragung von Bewegungen mit veränderlicher Übersetzung. Meist ist die Bedingung gestellt, daß die beiden Wälzkurven aufeinander abrollen sollen ohne zu gleiten; dann bestehen die gleichen Beziehungen wie zwischen zwei Polbahnen. Man kann also ein beliebig gegebenes Polbahnpaar (z. B. eines Gelenkvierecks) als Wälzhebel benutzen.

Man unterscheidet nach ihrer Aufstellung Wälzhebelgetriebe mit festen Drehpunkten (Fig. 137 und 138) und Wälzhebelgetriebe mit fester Wälzbank (Fig. 139 a und b), vielfach auch als Wälzhebel mit beweglichem Drehpunkt bezeichnet, da bei Führung eines Drehpunktes des bewegten Wälzhebels auf einer bestimmten Bahn (meist Gerade) der andere Drehpunkt eine Kurve beschreibt.

Wälzhebel mit festen Drehpunkten. Die beiden Wälzhebel drehen sich um die festen Drehpunkte 1 und 2. Damit ein reines Abwälzen stattfindet, muß der jeweilige Wälzpunkt (als Pol der Bewegung) auf der Verbindungslinie 12 liegen. Ist dies nicht der Fall, z. B. auf Grund praktischer Erfordernisse, so tritt neben dem

---

[1]) Hierfür wurde kürzlich der mehr sinngemäße Name Rollkurventriebe vorgeschlagen, da es sich um Kurven handelt, die aufeinander abrollen sollen. Rechnerische Ermittlung eines Wälzhebelgetriebes mit zwei festen Drehpunkten aus einem Gelenkviereck, siehe K. H. Sieker, Die Technik, Bd. 3, 1948, S. 170—174.

Abwälzen noch ein Gleiten auf, dessen Größe durch den Abstand des jeweiligen Berührungspunktes von dem Pol (auf Verbindungslinie $\overline{12}$) bestimmt wird.

Bei reinem Abwälzen sind die Berührungsflächen der Wälzpunkte als Polbahnen auszubilden. Sind die festen

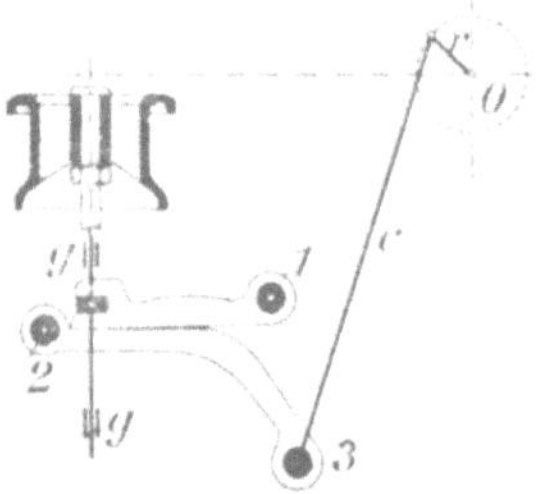

Fig. 137.

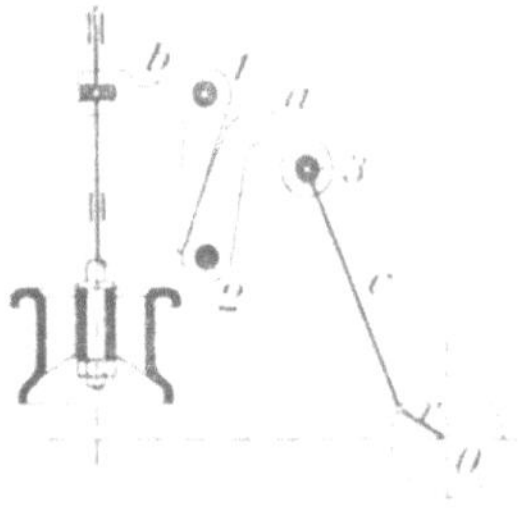

Fig. 138.

Fig. 137 u. 138. Wälzhebelgetriebe mit festen Drehpunkten.

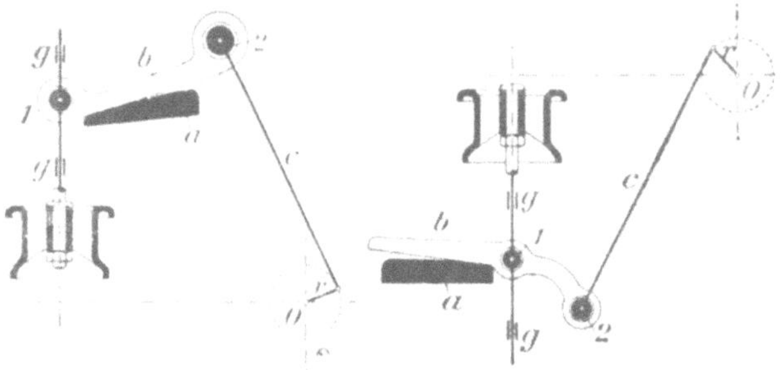

a b

Fig. 139 a u. b. Wälzhebelgetriebe mit fester Wälzbank.

Drehpunkte 1 und 2 und die eine Wälzbahn *a* gegeben (Fig. 140), so läßt sich die andere Wälzbahn *b* auf Grund der im Abschnitt II b (Seite 33) gegebenen Regeln ermitteln. Wir betrachten die Wälzbahn *a* als Rastpolbahn, auf der sich die zu ermittelnde Gangpolbahn *b* abwälzen soll. Wir schlagen hierzu einen Kreis um 2 mit $\overline{12}$; ziehen beliebige Strahlen 22′, 23′ usw. Diese schneiden auf der gegebenen Bahn *a* die Pole P_2, P_3 usw.,

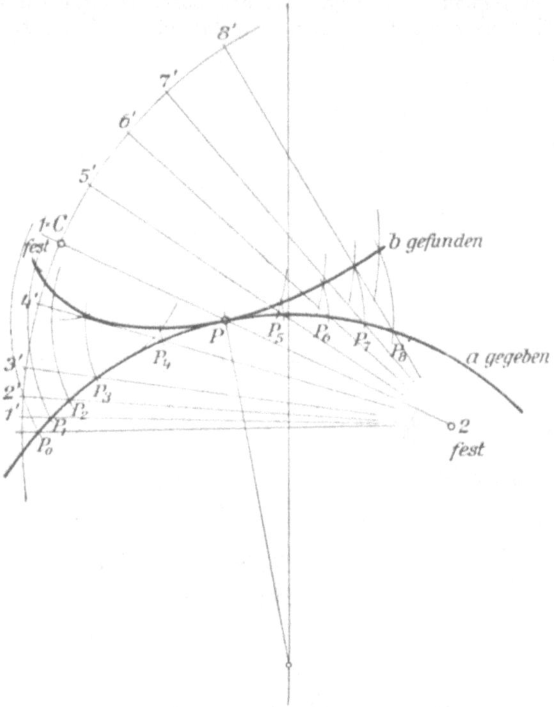

Fig. 140. Annäherungsweise Konstruktion einer beweglichen Wälzbahn, wenn das Profil des anderen Wälzhebels gegeben ist.

auf der Verbindungslinie $\overline{12}$ liegt der augenblickliche Pol *P*, der sowohl ein Punkt der Bahn *a* als der Bahn *b* ist. Für diesen Punkt als Ausgangspunkt ermitteln wir die Bahn b, indem wir z. B. um P einen Kreisbogen mit $\overline{PP_4}$ und um 1 einen Kreisbogen $\overline{4'P_4}$ schlagen, der Schnittpunkt ist ein Punkt der Bahn b. Die Konstruktion ist nur näherungsweise, da wir den Bogen PP_4 durch die Sehne ersetzen, was jedoch für flache Wälzbahnen zulässig erscheint.

Gleiche Wälzbahnen entstehen, wenn man als Bahnkurven Ellipsen oder logarithmische Spiralen wählt. Die Ellipsen sind die Polbahnen des Antiparallelkurbelgetriebes (Fig. 99 b, Seite 120). Unter Benutzung dieses Getriebes als Ersatzgetriebe lassen sich die Abmessungen leicht bestimmen. Der gegebene Abstand der festen Drehpunkte $14 = 2A$ ist gleich der großen Achse der Ellipse, $2B$ ist frei wählbar, um jedoch eine kleine Anfangsübersetzung zu erhalten, wählt man $2B$ verhältnismäßig klein. Die Punkte 1 bis 4 bilden die Brennpunkte der Ellipsen, Brennpunktsabstand $12 = 34 = a = \sqrt{A^2 - B^2}$. Für die Verwendung als Wälzhebel werden die Ellipsen nur teilweise ausgebildet.

Aus praktischen Gründen wählt man eine Wälzbahn häufig als Gerade (Fig. 141), man erhält hier eine niedrige Anfangsübersetzung. Man ermittelt die zugehörige Abwälzkurve nach dem oben angegebenen Verfahren punktweise; für den Anfangspunkt wählt man ein beliebiges Kurvenstück und nimmt hier eine kleine Gleitung in Kauf.

Feste Wälzbahnen. Um ein gleitfreies Abwälzen zu erzielen, muß der Pol der Bewegung auf der Wälzbahn liegen. Bei der Anwendung an Dampfmaschinensteuerungen wird ein Punkt des bewegten Wälzhebels gerade geführt (Ventilachse). Für gleitungsfreies Abrollen besteht deshalb die Bedingung, daß AP senkrecht zur Ventilachse gg liegt. Auf Grund dieser Bedingung läßt sich eine näherungsweise Konstruktion (für flache Kurven) angeben (Fig. 142). Kurve a ist wieder die gegebene Rastpolbahn, die hier tatsächlich feststeht. Wir ziehen innerhalb des Hubbereiches h verschiedene beliebige Parallelen zu $\overline{AP}$ und erhalten P_2, P_3, P_4 usw. als Schnittpunkte mit der Rastpolbahn a. Wir finden die entsprechenden Punkte auf der Gangpolbahn b, indem wir z. B. um P einen Kreisbogen $\overline{PP_2}$ schlagen und um $2'$ einen Kreisbogen $\overline{2'P_2}$, diese schneiden sich in dem P_2 ent-

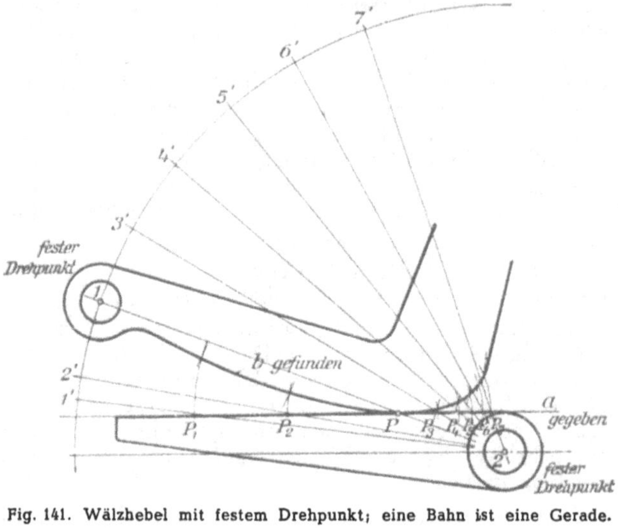

Fig. 141. Wälzhebel mit festem Drehpunkt; eine Bahn ist eine Gerade.

sprechenden Punkte der Gangpolbahn b. Durch punktweise Konstruktion finden wir so die Kurve b. Ein beliebiger Punkt des bewegten Wälzhebels, z. B. B, beschreibt eine Bahn, die etwa einer Koppelkurve entspricht. Damit die Führungsbahn gg keine Seitendrücke bekommt, sollen sich die Normale nn im Pol P und die Verlängerung der in B angreifenden Koppel b in einem Punkte auf der Geraden gg schneiden.

Ein Sonderfall tritt ein, wenn eine der *Wälzbahnen eine Gerade* wird, dann ist die Begrenzung der anderen eine logarithmische Spirale. Wählt

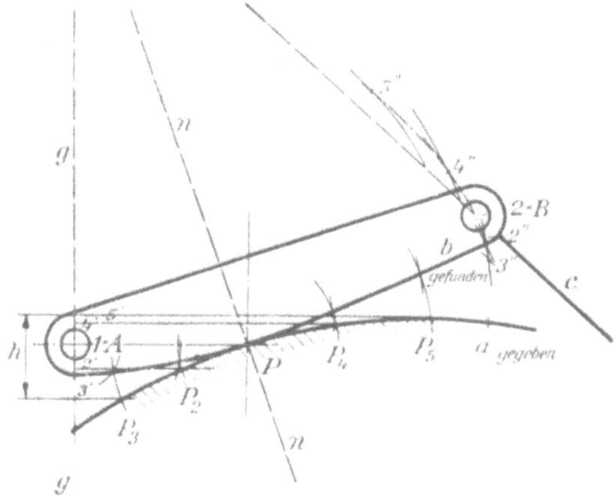

Fig. 142. Wälzhebelgetriebe; feste Wälzbank ist gegeben.

man als Wälzbank den Ausschnitt eines Kreises, dessen Mittelpunkt auf der Geraden *gg* liegt, so geht die bewegte Wälzbahn ebenfalls in einen Kreis über, und zwar vom halben Durchmesser (Kardankreispaar).

Stichwortverzeichnis

Absolutbewegung 23, 53
Alt, H. 8, 115, 138
Antiparallelkurbel 39, 120
Archimedische Spirale 138, 139
Ausgleichgetriebe 108
AWF (Ausschuß für wirtschaftliche Fertigung) 6

Beschleunigung 12
Beschleunigungsmaßstab 79, 105
Beschleunigungsplan 41, 65, 74
Beschleunigungspol 40, 44
Beweglichkeit 106, 112
Bewegungsgeometrie 7
Beyer, R. 8, 63, 110
Bloch, A. 65
Bogenschleife 94
Bogenschubkurbel 114
Bresse'sche Kreise 46
Burmester, L. 8, 127

Coriolis-Beschleunigung 63, 66

Drehgelenkpaar 106
Drehpol 26
Drehung 26
Drehzahl 30
Doppelkurbel 113, 118, 121
Doppelschwinge 113, 114, 118

Ebene 26
Eingriffsglied 101
Eingriffslinie 151
Einheiten 28
Elementarbeschleunigung 24
Ellipsen 37, 120, 155
Ersatzgetriebe 94, 97, 107, 155
Euler, J. 51
Evolute 98, 100
Evolentenverzahnung 151

Flocke, K. A. 138
Freier Fall 66

Gangpolbahn 33, 34, 35, 36, 38, 123
Gelenkgeradführungen 125
Gelenkgetriebe 111
Gelenkviereck 49, 52, 61, 66
Geradführung s. Lenkergeradführung
Geradschubkurbel 27, 37, 80, 86
Geschwindigkeit 11, 33, 39
Geschwindigkeitsmaßstab 79, 105
Geschwindigkeitsplan 32
Geschwindigkeitspol s. Momentanpol
Getriebeanalyse 8
Gleichförmig beschleunigte Bewegung 14
Gleichförmige Bewegung 14
Gleichschenkliges Gelenkviereck 120
Gleiten 155
Gleitgeschwindigkeit 151
Gliedlängen 111
Graphische Differentiation 15
Graphische Ermittlung 15, 17
Graphische Integration 18
Grashof, F. 113
Grissongetriebe 152
Grübler, M. 8, 26. 75, 80, 107, 112

Hain, K. 8, 127, 128
Harmonische Bewegung 15
Hartmann, W. 8, 48
Hochofengebläse 103
Hrones, J. A. 127
Hüllkurven 36, 37
Hyperbel 120

Jahr. W. 122

Kardankreispaar 34
Kardioide 36
Keilkette 54
Kinematik 7
Klein, A. W. 8
Koppelebene 79, 121
Koppelkurven 127, 129
Kraus, R. 8, 49, 115
Kreisbogenübergang 132, 146
Kreispunktkurve 112, 127
Kreuzkopfbeschleunigung 81
Kreuzschleife 15, 34, 94
Krummlinige Bewegung 23
Krümmungshalbmesser 49
Krümmungsmittelpunkt 99
Krümmungsmittelpunkt von Koppelkurven 24
Kurbelgetriebe 66, 106
Kurbelschleife 86
Kurbelschwinge siehe Bogenschubkurbel
Kurvengetriebe siehe Kurvenschub und Kurvenscheiben
Kurvengetriebe, räumlich 131
Kurvenscheiben 66, 98, 137, 146
Kurvenschub 97, 136
Kutzbach, K. 8, 108

Lagenzuordnungen 111
Längeneinheit 16
Lenkergeradführungen 126
Lenz-Ventilsteuerung 148
Leonardo da Vinci 36
Lichtenheldt, W. 8
Logarithmische Spirale 157
Lynen, W. 110

Marx, G. 110, 125
Maßsynthese 8
Maßstäbe 12
Melchior, P. 14
Meyer zur Capellen, W. 86

Mittelpunktsbahn 97
Mittelpunktskurve 112, 127
Mittlere Geschwindigkeit 21
Mohr, O. 82, 83, 85
Mollier, R. 8
Momentanpol 32, 160
Momentanzentrum s. Momentanpol
Müller, R. 8

Nelson, C. L. 127
Nocken 103, 146
Normalbeschleunigung 24

Ovalwerk 36

Parabel 133
Parallelogramm der Bewegungen 20
Parallelkurbeln 120
Pascal'sche Kurven 36
Pilzstößel 102
Polbahnen 37, 48, 50
Pole 60
Polsatz 60
Polster, H. 152
Prismenpaar 106
Punktlagenreduktion 128

Rastpolbahn 33, 34, 35, 36, 37
Rauh, K. 121, 123
Relativbewegung 53
Reuleaux, F. 150
Robert'scher Dreiecklenker 126
Roberval'sche Tafelwaage 108
Rollendes Rad 21, 51
Rollkurven 33, 37
Rollkurventriebe 152

Savary 51
Schiebung 26
Schwingdaumen 148
Schwingkurvengetriebe 148
Sechsgliedrige Getriebe 125
Senkrechte Geschwindigkeiten 32, 33
Shapingmaschine 92
Sieker, K. H. 49, 152
Sinoide 134
Sinusschwingungen 15, 97
Stillstände 124, 125

Tafelwaage 108
Tangentialbeschleunigung 24
Teigkneter 129
Teilkreis s. Wälzkreis
Tolle, M. 20
Totlagen 112
Triebstöcke 152
Trommelkurve 136

Ubersetzungsverhältnis 150
Ubertragungsbewegung 23, 63
Ubertragungswinkel 117, 136
Umkehrstellungen 73, 85, 92
Umkehrung der Bewegung 35, 36
Umlaufzeit 30

Vektoren 20
Ventilsteuerung 148
Verzahnung 148

Wälzhebel 152
Wälzkreise 150
Wanckel, H. 115, 117
Wechselkreis 43
Weg 10
Wegmaßstab 16
Wendekreis 43, 45, 52
Wendepunkte 40, 51
Willis, R. 113
Winkelbeschleunigung 28
Winkelgeschwindigkeit 30
Winkelschleife 93, 101

Zahlensynthese 8
Zahnräder 148
Zeichenmaßstab 16
Zeiteinheit 28
Zusatzbeschleunigung s. Coriolis-Beschleunigung
Zwanglauf 106
Zwanglauflehre 7
Zweiggetriebe s. Ausgleichgetriebe
Zykloide 51, 123, 152
Zykloidenverzahnung 152

Einschlägige Bände der Sammlung Göschen

Jeder Band DM 2,40

Zipperer, L., Technische Schwingungslehre Bd. I. 2. Aufl. 1952. In Vorbereitung. (Band 953)

Müller, W., Dynamik. I.: Dynamik des Einzelkörpers. 2., verbesserte Aufl. Mit 48 Figuren. 128 S. 1952. (Band 902)

— —, II.: Systeme von starren Körpern. 2., verbesserte Aufl. Mit 41 Figuren. 102 S. 1952. (Band 903)

Nusselt, W., Technische Thermodynamik. I.: Grundlagen. 3., verbesserte Aufl. Mit 71 Abb. 144 S. 1951. (Band 1084)

— —, II.: Theorie der Wärmekraftmaschinen. Neudruck. Mit 87 Abb. u. 32 Zahlentafeln. 144 S. 1951. (Band 1151)

vom Ende, E., Die Maschinenelemente. 2., verbesserte Aufl. Mit 173 Figuren und 12 Tafeln. 159 S. 1950. (Band 3)

Tochtermann, W., Das Maschinenzeichnen mit Einführung in das Konstruieren. I.: Das Maschinenzeichnen. 4. Aufl. Mit 77 Tafeln. 156 S. 1950. (Band 589)

— —, II.: Ausgeführte Konstruktionsbeispiele. 4. Aufl. Mit 58 Tafeln. 130 S. 1950. (Band 590)

Marcard, W., Die Dampfkessel und Feuerungen einschließlich Hilfseinrichtungen in Theorie. Konstruktion und Berechnung. 2. Aufl., neubearb. von K. Beck. I.: Die theoretischen Grundlagen: Wärme, Verbrennung, Wärmeübertragung. Mit 42 Abb. und 16 Tab. 150 S. 1951. (Band 9)

— —, II.: Dampfkessel. Mit 53 Abb. und mehreren Tab. 138 S. 1952. (Band 521)

Jungbluth, H., Gießereitechnik. I. Teil: Eisengießerei. Mit 44 Abb. 126 S. 1951. (Band 1159)

WALTER DE GRUYTER & CO / BERLIN W 35

Gewöhnliche Differentialgleichungen. Von G. Hoheisel. 4., neubearbeitete Aufl. 129 S. 1951 . . . . Bd. 920

Partielle Differentialgleichungen. Von G. Hoheisel. 3., neubearb. Aufl. 130 S. 1952. In Vorbereitung . . . . Bd. 1003

Aufgabensammlung zu den gewöhnlichen und partiellen Differentialgleichungen. Von G. Hoheisel. 2., umgearb. Aufl. 1952 . . . . Bd. 1059

Differentialrechnung. Von A. Witting. 3., neubearb. Aufl. Durchgesehener Neudruck. Mit 95 Fig. und 200 Beispielen. 201 S. 1949 . . . . Bd. 87

Repetitorium und Aufgabensammlung zur Differentialrechnung. Von A. Witting. 2. Aufl. Neudruck. 122 S. 1949 . . . . Bd. 146

Integralrechnung. Von A. Witting. 2., verbesserte Aufl. Durchgesehener Neudruck. Mit 62 Fig. und 190 Beispielen. 176 S. 1949 . . . . Bd. 88

Repetitorium und Aufgabensammlung zur Integralrechnung. Von A. Witting. 2. Aufl. Neudruck. 121 S. 1949 . . . Bd. 147

Einführung in die konforme Abbildung. Von L. Bieberbach. 4. Aufl. Mit 42 Zeichnungen. 147 S. 1949 . . . . Bd. 768

Darstellende Geometrie. Von R. Haussner. 1. Teil: Elemente, ebenflächige Gebilde. 6., unveränderte Aufl. Mit 110 Fig. 207 S. 1947 . . . . Bd. 142
2. Teil: Perspektive ebener Gebilde, Kegelschnitte. 5., unveränderte Aufl. Mit 88 Fig. 168 S. 1947 . . . . . . Bd. 143

Sammlung von Aufgaben und Beispielen zur analytischen Geometrie der Ebene. Von R. Haussner. Neudruck. Mit 22 Fig. 139 S. 1949 . . . . Bd. 256

Ebene und sphärische Trigonometrie. Von G. Hessenberg. 4. Aufl., Neudruck. 1952. In Vorbereitung . . . . . Bd. 99

Nichteuklidische Geometrie. Hyperbolische Geometrie der Ebene. Von R. Baldus. 3., verbess. Aufl. durchges. von F. Löbell. Mit 70 Fig. 140 S. 1952. In Vorbereitung . Bd. 970

Vermessungskunde. Von P. Werkmeister. I.: Stückmessung und Nivellieren. 9. Aufl. Mit 145 Fig. 172 S. 1949 Bd. 468
II.: Messung von Horizontalwinkeln. Festlegung von Punkten im Koordinatensystem. Absteckungen. 7. Aufl. Mit 63 Fig. 151 S. 1949 . . . . Bd. 469
III.: Trigonometrische und barometrische Höhenmessung. Tachymetrie und Topographie. 6. Aufl. Mit 64 Fig. 147 S. 1949. . . . . Bd. 862

Vektoranalysis. Von S. Valentiner. 7., wesentlich veränderte Aufl. Mit 19 Fig. 138 S. 1950 . . . . Bd. 354

Physik / Chemie / Allgemeine, anorganische, organische und experimentelle Chemie / Elektrochemie / Technologie

Physikalische Formelsammlung. Von G. u. K. Mahler. 8., verbesserte Aufl. Mit 69 Fig. 153 S. 1950. . . . . . Bd. 136

Physikalische Aufgabensammlung. Von G. u. K. Mahler. Mit den Ergebnissen. 7., verbess. Aufl. 127 S. 1952. . . Bd. 243

Differentialgleichungen der Physik. Von E. Sauter. 2. Aufl. Mit 16 Fig. 148 S. 1950 . . . . Bd. 1070

Einführung in die Kristalloptik. Von E. Buchwald. 4., verbess. Aufl. Mit 121 Fig. 138 S. 1952 . . . . Bd. 619

Vektoranalysis. Von S. Valentiner. 7., wesentl. veränderte Aufl. Mit 19 Fig. 138 S. 1950 . . . . Bd. 354

Geschichte der Chemie. Von G. Lockemann. Bd. I: Vom Altertum bis zur Entdeckung des Sauerstoffs. Mit 8 Bildnissen. 142 S. 1950 . . . . Bd. 264

Allgemeine und physikalische Chemie. Von W. Schulze.
I. Teil: 3., durchgesehene Aufl. Mit 22 Fig. 146 S 1949 Bd. 71
II. Teil: 3., durchgesehene Aufl. Mit 36 Fig. 160 S. 1949 Bd. 698

Physikalisch-Chemische Rechenaufgaben. Von E. Asmus. 2. Aufl. 96 S. 1949 . . . . Bd. 445

Anorganische Chemie. Von W. Klemm. 7. Aufl. Mit 18 Abb. 184 S. 1952 . . . . Bd. 37

Thermochemie. Von W. A. Roth. 3. Aufl. Mit 16 Fig. 109 S. 1952. In Vorbereitung . . . . Bd. 1057

Stöchiometrische Aufgabensammlung. Mit den Ergebnissen. Von W. Bahrdt und R. Scheer. 5., verbess. Aufl. Mit 120 S. 1952 . . . . Bd. 452

Organische Chemie. Von W. Schlenk. 5., verbess. Aufl. Mit 17 Fig. 239 S. 1949 . . . . Bd. 38

Analytische Chemie. Von J. Hoppe. I.: Reaktionen. 5., verbesserte Aufl. 135 S. 1950 . . . . Bd. 247
II.: Gang der qualitativen Analyse. 5., verbesserte Aufl. 168 S. 1950 . . . . Bd. 248

Elektrochemie und ihre physikalisch-chemischen Grundlagen. Von A. Dassler. Bd. I: Mit 21 Abb. 149 S. 1950 Bd. 252
Bd. II: Mit 17 Abb. 178 S. 1950 . . . . Bd. 253

Warenkunde. Von K. Hassak und E. Beutel. 7. Auflage, neu bearbeitet von A. Kutzelnigg. Bd. I. Anorganische Waren sowie Kohle und Erdöl. Mit 19 Fig. 116 S. 1947 Bd. 222
Bd. II. Organische Waren. Mit 32 Fig. 143 S. 1949 Bd. 223

Die Fette und Öle. Von K. Braun. 5. vollständig neubearb. und verbess. Aufl. von Th. Klug. 145 S. 1950 . . . . . . Bd. 335

Naturwissenschaften / Biologie / Botanik / Zoologie Land- und Forstwirtschaft

Hormone. Von G. Koller. 2. Aufl. Mit 60 Abb. und 19 Tab. 187 S. 1949 . . . . Bd. 1141

Geschlecht und Geschlechtsbestimmung im Tier- und Pflanzenreich. Von M. Hartmann. 2. Aufl. Mit 62 Abb. 155 S. 1951 . . . . Bd. 1127

Fortpflanzung im Tier- und Pflanzenreich. Von J. Hämmerling. 2., ergänzte Aufl. Mit 101 Abb. 135 S. 1951 . . Bd. 1138

Grundriß der allgemeinen Mikrobiologie. Von W. Schwartz.
Bd. I: Mit 17 Abb. 104 S. 1949 . . . . Bd. 1155
Bd. II: Mit 12 Abb. 93 S. 1949 . . . . Bd. 1157

Symbiose der Tiere mit pflanzlichen Mikroorganismen. Von P. Buchner. 2., verbesserte und vermehrte Aufl. Mit 121 Abb. 130 S. 1949 . . . . Bd. 1128

Entwicklungsgeschichte des Pflanzenreiches. Von H. Heil. 2. Aufl. Mit 94 Abb. und 1 Tab. 138 S. 1950 . . . . . Bd. 1137

Morphologie der Pflanzen. Von L. Geitler. 3. Aufl. Mit 114 Abb. 126 S. 1952. In Vorbereitung . . . . Bd. 141

Pflanzenzüchtung. Von H. Kuckuck. I: Grundzüge der Pflanzenzüchtung. 3., völlig umgearbeitete u. erweiterte Aufl. Mit 22 Abb. 132 S. 1952 . . . . Bd. 1134

Die Laubhölzer. Von F. W. Neger und E. Münch. 3., durchgesehene Aufl., herausgegeben von B. Huber. Mit 63 Fig. und 7 Tab. 142 S. 1950 . . . . Bd. 718

Die Nadelhölzer (Koniferen) und übrigen Gymnospermen. Von F. W. Neger und E. Münch. 4., durchges. u. ergänzte Aufl., herausgegeb. von B. Huber. Mit 75 Fig., 5 Tabellen u. 5 Karten. 140 S. 1952 . . . . Bd. 355

Vergleichende Physiologie der Tiere. Von K. Herter. I. Stoff- und Energiewechsel. 3. Aufl. Mit 64 Abb. 155 S. 1950 . . . . Bd. 972

II. Bewegung und Reizerscheinungen. 3. Aufl. Mit 110 Abb. 148 S. 1950 . . . . Bd. 973

Landwirtschaftliche Tierzucht. Die Züchtung und Haltung der landwirtschaftlichen Nutztiere. Von H. Vogel. Mit 11 Abbild. 139 S. 1952 . . . . Bd. 228

Kulturtechnische Bodenverbesserungen. Von O. Fauser. I.: Allgemeines, Entwässerung. 4., neubearbeitete Aufl. Mit 47 Abb. 122 S. 1947 . . . . Bd. 691

II.: Bewässerung, Ödlandkultur, Umlegung. 4., neubearbeitete Aufl. Mit 67 Abb. 150 S. 1948 . . . . . . Bd. 692

Geologie / Mineralogie / Kristallographie

Geologie. Von H. Cloos. 3. Aufl. In Vorbereitung . . . Bd. 13

Mineralogie. Von R. Brauns und K. F. Chudoba. 8., neubearbeitete Aufl. Mit 125 Textfiguren und 9 Abb. auf einer Tafel. 143 S. 1943 . . . . Bd. 29

Petrographie. Von W. Bruhns u. P. Ramdohr. 3., durchgesehene Aufl. Mit 10 Figuren. 117 S. 1949 . . . . . Bd. 173

Kristallographie. Von W. Bruhns und P. Ramdohr. 4. Aufl. 1952 . . . . Bd. 210

Einführung in die Kristalloptik. Von E. Buchwald. 4., verb. Aufl. Mit 121 Fig. 138 S. 1952 . . . . Bd. 619

Lötrohrprobierkunde. Mineraldiagnose mit Lötrohr und Tüpfelreaktion. Von M. Henglein. 3., verbesserte Aufl. Mit 11 Fig. 91 S. 1949 . . . . Bd. 483

Ingenieurwissenschaften

Allgemeines / Maschinenbau / Hoch- und Tiefbau Elektrotechnik / Wasserbau

Technische Tabellen und Formeln. Von W. Müller. 4., überarbeitete Aufl. Von E. Schulze. Mit 105 Fig. 152 S. 1951 Bd. 579

Dynamik. Von W. Müller. I.: Dynamik des Einzelkörpers. 2., verbesserte Aufl. Mit 70 Fig. 160 S. 1952 . . . . Bd. 902

II.: Systeme von starren Körpern. 2., verbess. Aufl. Mit 41 Fig. 102 Seiten. 1952 . . . . Bd. 903

Technische Thermodynamik. Von W. Nusselt.

I.: Grundlagen. 3., verb. Aufl. Mit 71 Abb. 144 S. 1950 Bd. 1084

II.: Theorie der Wärmekraftmaschinen. Neudruck. Mit 87 Abb. und 32 Zahlentafeln. 144 S. 1951 . . . . . . Bd. 1151

Festigkeitslehre. Von W. Gehler und W. Herberg.

I.: Elastizität, Plastizität und Festigkeit der Baustoffe und Bauteile. Durchgesehener u. erweit. Neudruck. Mit 118 Bildern. 159 S. 1952 . . . . Bd. 1144

Metallkunde. Von H. Borchers. I.: Aufbau der Metalle und Legierungen. Mit 2 Tab. und 90 Abb. 2. Aufl. 110 S. 1950 . . . . Bd. 432

II.: Eigenschaften, Grundzüge der Form und Zustandsgebung. Mit 8 Tab., 100 Abb. 2. Aufl. 154 S. 1952 Bd. 433

Getriebelehre. Von P. Grodzinski u. H. Polster. I.: Geometrische Grundlagen. 2. Aufl. Mit 127 Fig. 1952. In Vorbereitung . . . . Bd. 1061

Die Maschinenelemente. Von E. vom Ende. 2., verbesserte Aufl. Mit 173 Fig. und 12 Taf. 159 S. 1950 . . . . . Bd. 3

Das Maschinenzeichnen mit Einführung in das Konstruieren. Von W. Tochtermann.
I.: Das Maschinenzeichnen. 4. Aufl. Mit 77 Taf. 156 S. 1950 Bd. 589
II.: Ausgeführte Konstruktionsbeispiele. 4. Aufl. Mit 58 Taf. 130 S. 1950 . . . . Bd. 590

Die Dampfkessel und Feuerungen einschließlich Hilfseinrichtungen in Theorie, Konstruktion und Berechnung. Von W. Marcard. 2. Aufl., neubearbeitet von K. Beck.
I.: Die theoretischen Grundlagen. Wärme, Verbrennung, Wärmeübertragung. Mit 42 Abb. u. 16 Tab. 150 S. 1951 Bd. 9
II.: Dampfkessel. Mit 53 Abb. 147 S. 1952 . . . . . Bd. 521

Gießereitechnik. Von H. Jungbluth. I. Teil: Eisengießerei. Mit 44 Abb. 126 S. 1951 . . . . Bd. 1159

Autogenes Schweißen und Schneiden. Von H. Niese. 5. Aufl., neubearb. von A. Küchler. Mit 71 Fig. 136 S. 1952. In Vorbereitung . . . . Bd. 499

Die wichtigsten Baustoffe des Hoch- und Tiefbaues. Von O. Graf. 3., verbesserte Aufl. Mit 58 Abb. 136 S. 1947 Bd. 984

Baustoffverarbeitung und Baustellenprüfung des Betons. Von A. Kleinlogel. 2., neubearb. u. erweiterte Aufl. Mit 35 Abb. 126 S. 1951 . . . . Bd. 970

Fenster, Türen, Tore aus Holz und Eisen. Von W. Wickop. 3., überarb. und ergänzte Aufl. Mit 96 Abb. 154 S. 1949 Bd. 1092

Heizung und Lüftung. Von J. und W. Körting. I.: Das Wesen und die Berechnung der Heizungs- und Lüftungsanlagen. 8., neubearb. Aufl. Mit 29 Abb. und 18 Zahlentafeln. 140 S. 1951 . . . . Bd. 342
II.: Die Ausführung der Heizungs- u. Lüftungsanlagen. 8. Aufl. 1952. In Vorbereitung . . . . Bd. 343

Die Gleichstrommaschine. Von K. Humburg.
I. Durchgesehener Neudruck. Mit 59 Abb. 102 S. 1949 Bd. 257
II. Durchgesehener Neudruck. Mit 38 Abb. 98 S. 1949 Bd. 881

Die synchrone Maschine. Von K. Humburg. Neudruck. Mit 78 Bildern. 109 S. 1951 . . . . Bd. 1146

Transformatoren. Von W. Schäfer. 2. Aufl. Mit 74 Abb. 128 S. 1949 . . . . Bd. 952

Die komplexe Berechnung von Wechselstromschaltungen. Von H. H. Meinke. Mit 114 Abb. 160 S. 1949 . . . . Bd. 1156

Theoretische Grundlagen zur Berechnung der Schaltgeräte. Von F. Kesselring. 3. Aufl. Mit 92 Abb. 144 S. 1950 . . Bd. 711

Elektromotorische Antriebe. (Grundlagen für die Berechnung.) Von A. Schwaiger. 3., neubearb. Aufl. Mit 34 Abb. 95 S. 1952 . . . . Bd. 827

Überspannungen und Überspannungsschutz. Von G. Frühauf. Durchges. Neudruck. Mit 98 Abb. 122 S. 1950 . . . . Bd. 1132

Verkehrswasserbau. Von H. Dehnert. I.: Entwurfsgrundlagen, Flußregelungen. Mit 52 Textabb. 103 S. 1950 Bd. 585
II.: Flußkanalisierungen und Schiffahrtskanäle. Mit 60 Textabb. 94 S. 1950 . . . . Bd. 597
III.: Schleusen und Hebewerke. Mit 70 Textabb. 98 S. 1950 . . . . Bd. 1152

Wehr- und Stauanlagen. Von H. Dehnert. Mit 90 Abb. 134 S. 1952 . . . . Bd. 965

Geisteswissenschaften

Philosophie / Psychologie

Einführung in die Philosophie. Von H. Leisegang. 145 S. 1951 . . . . Bd. 281
Hauptprobleme der Philosophie. Von G. Simmel. 7., unveränderte Auflage. 177 S. 1950 . . . . Bd. 500
Erkenntnistheorie. I Allgemeine Grundlegung. Von G. Kropp 143 S. 1950 . . . . Bd. 807
Die geistige Situation der Zeit. (1931). Von K. Jaspers. 2., unveränderter Abdruck der im Sommer 1932 bearbeiteten 5. Aufl. 232 S. 1949 . . . . Bd. 1000
Philosophisches Wörterbuch. Von M. Apel. 3., neubearb. Aufl. 260 S. 1950 . . . . Bd. 1031
Therapeutische Psychologie. (Freud, Adler, Jung). Von W. M. Kranefeldt. 2. Aufl. 152 S. 1950 . . . . Bd. 1034

Religionswissenschaften

Jesus. Von M. Dibelius. 2. Aufl. Neudruck. 141 S. 1949. Bd. 1130
Paulus. Von M. Dibelius. Hrsg. und zu Ende geführt von W. G. Kümmel. 155 S. 1951 . . . . Bd. 1160

Musik / Kunst

Systematische Modulation. Von R. Hernried. 2. Aufl. 136 S. 1950 . . . . Bd. 1094
Der polyphone Satz. I. Der cantus-firmus-Satz. Von E. Pepping. 2. Aufl. 223 S. 1950 . . . . Bd. 1148
Die Technik des Klavierspiels. Von K. Schubert. 2. Aufl. 132 S. 1946 . . . . Bd. 1045
Die Musik des 19. Jahrhunderts. Von W. Oehlmann. 180 S. 1952. In Vorbereitung . . . . Bd. 170
Stilkunde. I. Vorzeit, Antike, Mittelalter. Von H. Weigert. 2. Aufl. Mit 94 Abb. 136 S. 1952. In Vorbereitung . . Bd. 80
II. Spätmittelalter und Neuzeit. 2. Aufl. Mit 84 Abb. 147 S. 1952. In Vorbereitung . . . . Bd. 781

Geschichte

Allgemeines / Vor- und Frühgeschichte / Altertum, Mittelalter und Neuzeit / Kulturgeschichte

Einführung in die Geschichtswissenschaft. Von P. Kirn. 2. Aufl. 121 S. 1952 . . . . Bd. 270
Kultur der Urzeit. Bd. I: Die vormetallischen Kulturen. (Die Steinzeiten Europas. Gleichartige Kulturen in anderen Erdteilen.) Von F. Behn. 4. Aufl. Mit 48 Abb. 172 S. 1950 . . . . Bd. 564
Bd. II: Die älteren Metallkulturen. (Der Beginn der Metallbenutzung. Kupfer- und Bronzezeit in Europa, im Orient und Amerika.) 4. Aufl. Mit 67 Abb. 160 S. 1950 . . . . Bd. 565
Bd. III: Die jüngeren Metallkulturen. (Das Eisen als Kulturmetall. Hallstatt- und Latène-Kultur in Europa. Das erste Auftreten des Eisens in den anderen Weltteilen.) 4. Aufl. Mit 60 Abb. 149 S. 1950 . . . . Bd. 566
Vorgeschichte Europas. Von F. Behn. 7. Aufl. Mit 47 Abb. 125 S. 1949 . . . . Bd. 42

Vor- und Frühzeit der Mittelmeerländer. I. Das östliche Mittelmeer. Von J. Wiesner. Mit einer Textabb. und 7 Tafeln. 177 S. 1943 . . . . Bd. 1149
II. Das westliche Mittelmeer. Mit 3 Textabb. und 7 Tafeln. 129 S. 1943 . . . . Bd. 1150

Römische Geschichte. I. Teil: Bis zur Schlacht bei Pydna. Von F. Altheim. 123 S. 1948 . . . . Bd. 19
II. Teil: Bis zur Begründung des Prinzipats. 141 S. 1948 Bd. 677

Zeitrechnung der römischen Kaiserzeit, des Mittelalters und der Neuzeit. Für die Jahre 1—2000 n. Chr Von H. Lietzmann. 2. Aufl. besorgt d. A. Hofmeister. 126 S. 1952. In Vorbereitung . . . . Bd. 1085

Quellenkunde der deutschen Geschichte im Mittelalter. (Bis zur Mitte des 15. Jahrh.) I. Einleitung. Allgemeiner Teil. Die Zeit der Karolinger. Von K. Jacob. 5. Aufl. 118 S. 1949 . . . . Bd. 279
II. Die Kaiserzeit (911—1250). 4. Aufl. 127 S. 1949 . . Bd. 280
III. Das Spätmittelalter (vom Interregnum bis 1500). Unter Verwendung des Nachlasses von K. Jacob. Herausgegeben von F. Weden. 152 S. 1952 . . . . Bd. 284

Von den Karolingern zu den Staufern. Die altdeutsche Kaiserzeit (900—1250). Von J. Haller. 3. Aufl. Mit 4 Karten. 141 S. 1944 . . . . Bd. 1065

Deutsche Geschichte im Zeitalter der Reformation, der Gegenreformation und des 30jährigen Krieges. Von F. Hartung. 129 S. 1951 . . . . Bd. 1105

Geschichte Englands. Teil I: bis 1815. Von H. Preller. 3., stark umgearbeitete Auflage. Mit 2 Karten. 135 S. 1952. In Vorbereitung . . . . Bd. 375

Geschichte der Mathematik. I. Von den Anfängen bis zum Auftreten von Fermat und Descartes. Von J. E. Hofmann. 199 S. 1952. In Vorbereitung . . . . Bd. 226

Geschichte der Chemie. Bd. I: Vom Altertum bis zur Entdeckung des Sauerstoffs. Von G. Lockemann. Mit 8 Bildnissen. 142 S. 1950 . . . . Bd. 264

Sprach- und Literaturwissenschaft

Indogermanisch / Germanisch

Indogermanische Sprachwissenschaft. Von H. Krahe. 2. Aufl. 134 S 1948 . . . . Bd. 59

Sanskrit-Grammatik. Von M. Mayrhofer. 89 S. 1952. In Vorbereitung . . . . Bd. 1158

Germanische Sprachwissenschaft. Bd. I: Einleitung und Lautlehre. Von H. Krahe. 2. Aufl. 127 S. 1948 . . . Bd. 238
Bd. II: Formenlehre. 2. Aufl. 140 S. 1948 . . . . Bd. 780

Altnordisches Elementarbuch. Schrifttum, Sprache, Texte mit Übersetzung und Wörterbuch. Von F. Ranke. 2., durchgesehene Aufl. 146 S. 1949 . . . . Bd. 1115

Deutsche Sprache und Literatur

Deutsche Wortkunde. Eine kulturgeschichtliche Betrachtung des deutschen Wortschatzes. Von A. Schirmer. 3. Aufl. 109 S.1949 . . . . Bd. 929

Deutsches Dichten und Denken von der germanischen bis zur staufischen Zeit. (Deutsche Literaturgeschichte vom 5. bis 13. Jhdt.) Von H. Naumann. 2., verbess. Aufl. 166 S. 1952 . . . . Bd. 1121

Der Nibelunge Nôt. In Auswahl mit kurzem Wörterbuch. Von K. Langosch. 9., umgearbeitete Aufl. 163 S. 1952. In Vorbereitung . . . . Bd. 1

Deutsches Dichten und Denken vom Mittelalter zur Neuzeit. (1270—1700.) Von G. Müller. 2. Aufl. 159 S. 1949 Bd. 1086

Deutsches Dichten und Denken von der Aufklärung bis zum Realismus. (1700—1890.) Von K. Viëtor. 2. Aufl. 156 S. 1949 . . . . Bd. 1096

Englische Sprache / Romanische Sprache und Literatur

Altenglisches Elementarbuch. Einführung, Grammatik. Texte mit Übersetzung und Wörterbuch. Von M. Lehnert. 2., verbesserte und vermehrte Aufl. 176 S. 1950 Bd. 1125

Beowulf. Eine Auswahl mit Einführung, teilweiser Übersetzung, Anmerkungen und etymologischem Wörterbuch. Von M. Lehnert. 2., verbesserte Aufl. 135 S. 1949 Bd. 1135

Italienische Literaturgeschichte. Von K. Voßler. Unveränderter Nachdruck der 1927 erschienenen 4., durchgesehenen und verbesserten Aufl. 148 S. 1948 . . . Bd. 125

Griechisch / Lateinisch

Geschichte der griechischen Sprache. I. Bis zum Ausgang der klassischen Zeit. Von O. Hoffmann. 3., stark umgearbeitete Aufl. von A. Debrunner. 144 S. 1952. In Vorbereitung . . . . Bd. 111

Geschichte der griechischen Literatur. I. Von den Anfängen bis auf Alexander d. Gr. Von W. Nestle. 2., verbesserte Aufl. Neudruck. 148 S. 1950 . . . . Bd. 70
II. Von Alexander d. Gr. bis zum Ausgang der Antike. 2., verbesserte Aufl. 128 S. 1945 . . . . Bd. 557

Geschichte der lateinischen Sprache. Von F. Stolz. 3., stark umgearbeitete Aufl. von A. Debrunner. 136 S. 1952. In Vorbereitung . . . . Bd. 492

Orientalia / Russisch

Sanskrit-Grammatik. Von M. Mayrhofer. 89 S. 1952. In Vorbereitung . . . . Bd. 1158

Hebräische Grammatik. I. Band: Schrift-, Laut- und Formenlehre I. Von G. Beer. 2., völlig umgearb. Aufl. von R. Meyer. 157 S. 1952. In Vorbereitung . . . Bd. 763

Russische Grammatik. Von E. Berneker und M. Vasmer. 6., unveränderte Aufl. 155 S. 1947 . . . . Bd. 66

Erd- und Länderkunde

Kartenkunde. Von M. Eckert-Greifendorff. Durchgesehen von W. Kleffner. 3. Aufl. Mit 63 Abb. 149 S. 1950 . . Bd. 30

Australien und Ozeanien. Von H.-J. Krug. Mit 46 Skizzen. 176 S. 1952. In Vorbereitung . . . . Bd. 319

Wirtschaftswissenschaften / Gesellschaftskunde

Allgemeine Betriebswirtschaftslehre. Von K. Mellerowicz. 3 Bde. I = 142 S., II = 112 S., III = 141 S. 7. Aufl. 1952. . . . . Bd. 1008, 1153, 1154

Soziologie. Geschichte und Hauptprobleme. Von L. v. Wiese. 4. Aufl. 151 S. 1950. . . . . Bd. 101

FSC
www.fsc.org
MIX
Papier | Fördert gute Waldnutzung
FSC® C083411

Zeitfracht Medien GmbH
Ferdinand-Jühlke-Straße 7
99095 Erfurt, Deutschland
produktsicherheit@kolibri360.de